景观设计手绘技法

贾新新
唐　英　主编

马　科　编著

从入门到精通（第2版）

U0223934

人民邮电出版社

北京

图书在版编目（ＣＩＰ）数据

景观设计手绘技法从入门到精通 / 贾新新，唐英主编；马科编著. -- 2版. -- 北京 ：人民邮电出版社，2017.11（2023.8重印）
ISBN 978-7-115-46777-5

Ⅰ. ①景… Ⅱ. ①贾… ②唐… ③马… Ⅲ. ①景观设计—绘画技法 Ⅳ. ①TU986.2

中国版本图书馆CIP数据核字(2017)第243192号

内 容 提 要

本书从零基础入手，采用阶梯式讲解，从最基础的线条到完整景观效果图表现，再到快题设计，一步步为读者夯实手绘技法的基础，让读者掌握景观设计手绘的要点、技法和在快题设计中的运用。

全书分为 4 个部分，分别是线稿、马克笔上色、快题设计和综合案例。线稿部分主要讲解线条、体块、构图、透视、光影，各类配景，各类景观的实景写生，景观平面图拉伸空间等；马克笔上色部分主要讲解笔触、叠加运笔、体块光影、各类植物的上色、材质表现、材质搭配，以及平面、立面和剖面的上色等；快题设计部分主要讲解快题设计 6 大步骤及其重点，精选 10 个常见主题的快题设计案例，对它们的优缺点进行分析，并讲解了各类分析图的画法；综合案例部分主要讲解 4 大类景观设计的线稿到上色表现的完整过程，力求让读者将所学的方法与实际融合，做到融会贯通。

随书附赠资源文件，收录了一线讲师课堂授课的实况视频，使读者足不出户就能如亲临培训现场，享受一对一教学。

本书贯穿了 99 个典型范例和 62 个景观写生、平面图拉伸、平（立）面、快题设计和效果图的完整案例，重点内容均配有课后练习，以便于读者在一定的学习阶段后马上着手训练，适合作为相关专业的艺术设计学生学习参考，也适合相关培训班作为教材或辅导用书。

◆ 主　编　贾新新　唐英

　编　著　马科

　责任编辑　杨璐

　责任印制　陈犇

◆ 人民邮电出版社出版发行　北京市丰台区成寿寺路 11 号

　邮编　100164　电子邮件　315@ptpress.com.cn

　网址　https://www.ptpress.com.cn

　涿州市般润文化传播有限公司印刷

◆ 开本：880×1230　1/16

　印张：20.75　　　　　　2017 年 11 月第 2 版

　字数：504 千字　　　　2023 年 8 月河北第 15 次印刷

定价：89.00 元

读者服务热线：(010)81055410　印装质量热线：(010)81055316
反盗版热线：(010)81055315
广告经营许可证：京东市监广登字 20170147 号

本书从零基础入手，采用阶梯式讲解，从最基础的线条到完整景观效果图表现，再到快题设计，一步步为读者夯实手绘技法的基础，让读者掌握景观设计手绘的要点、技法和在快题设计中的运用。

本书特色

完善的知识体系 针对景观设计手绘，从坐姿、握笔开始讲起，循序渐进地讲解景观设计效果图的绘制方法与技巧，从线稿到上色，从透视到光影，从植物单体到复杂景观表现，从线条到平面、立面表现，为读者提供严谨的技法知识与高效的绘画技巧。

典型的实景案例 99个典型范例+62个景观设计完整案例，多从实景分析开始，逐步进行草图分析、线稿分析、上色分析，并讲解详细的绘制步骤，帮助读者将所学知识点串联起来，提高综合运用的能力。

有效的快题分析 详述快题设计前的准备、快题设计的过程与方法，精选10个常见主题的快题设计案例，并对它们的优缺点进行分析，力求让读者将所学的方法与实际融合，做到融会贯通。

讲师课堂授课视频 收录了约470分钟讲师课堂授课的视频，由撰写本书的一线讲师亲自讲解并演示，涵盖了所有景观设计手绘的基础技法，还包括完整线稿和上色的典型案例。

讲师课堂授课视频目录

001建筑手绘概述	016一点透视	031写生三原则：整体画面光影与天际线分析2
002快线和慢线的画法	017两点透视	032写生三原则：整体画面结构（构造）
003线条绘制中的注意事项	018轴测图	033马克笔属性
004画线条的运笔方法	019狗视图	034使用马克笔容易出错的8个方面
005坐姿	020投影：地面投影	035马克笔运笔与笔触
006线条基础：直线画法	021投影：平面投影	036马克笔色系
007线条基础：竖线画法	022投影：物体投影	037马克笔的画法1
008线条基础：斜上线画法	023光影关系	038马克笔的画法2
009线条基础：斜下线画法	024完整体块练习演示	039给马克笔做标签
010线条基础：弧线画法	025写生三原则：整体画面构图1	040马克笔笔头的属性
011如何练习画线	026写生三原则：整体画面构图2	041马克笔排线上色技巧
012如何练习画弧线	027写生三原则：整体画面比例	042马克笔天空上色技巧
013如何练习画植物线条	028写生三原则：整体画面透视	043马克笔植物上色技巧
014体块透视与光影关系概述	029写生三原则：整体画面参照物	044完整案例绘画过程
015学习体块的重要性	030写生三原则：整体画面光影与天际线分析1	

完整案例视频下载方法

手绘基础视频和完整案例视频采用资源下载的方式提供，扫描右侧的二维码即可获得文件下载方式。视频文件讲解清晰，内容完备，便于读者将基础知识与实际上手操作相结合，提高学习效率。

技术支持

如果大家在阅读或使用过程中遇到任何与本书相关的技术问题或者需要什么帮助，请发邮件至szys@ptpress.com.cn，我们会尽力为大家解答。

如果读者在学习过程中遇到问题，还可以通过我们的立体化服务平台（微信公众号：ING手绘）联系，我们会尽量帮助读者解答问题。此外，在这个平台上我们还会分享更多的相关资源。微信扫描右侧的二维码就可以查看相关内容。

ING手绘微信公众号

本书第1~5章由贾新新编写，第6~10章由唐英编写。虽然我们力求保证图书内容的高品质，但由于时间仓促、水平有限，书中欠妥之处在所难免，请您及时指正，促进我们提高。

目录
Contents

第 **1** 章 绘画基础

1.1 绘画前的准备 … 12
　　1.1.1 各类常用画笔 … 12
　　1.1.2 纸和尺子 … 13
　　1.1.3 正确与错误绘画姿势的对比 … 13
　　1.1.4 正确的握笔姿势 … 14
　　1.1.5 运笔 … 14

1.2 线条 … 14
　　1.2.1 错误线条 … 14
　　1.2.2 直线与竖线（快线、慢线）… 16
　　1.2.3 斜上线与斜下线（快线、慢线）… 17
　　1.2.4 弧线（扁弧线、正圆弧线）… 18
　　1.2.5 植物线条的基本型、变化型及应用 … 18
　　1.2.6 各种线条的练习方法 … 20

1.3 体块 … 20
　　1.3.1 易出现的错误 … 20
　　1.3.2 透视 … 21
　　│范例 1│ 一点体块透视 … 21
　　│范例 2│ 两点体块透视 … 21
　　│范例 3│ 俯视 … 22
　　1.3.3 组合体块的透视与投影 … 24
　　1.3.4 建筑物的体块划分 … 26

　　1.3.5 平面拉伸体块——字体透视
　　　　　（汉字、字母）… 27
　　　　1.3.5.1 汉字拉伸 … 27
　　　　1.3.5.2 字母拉伸 … 28
　　1.3.6 体块、透视、光影综合练习 … 29
　　1.3.7 临摹的三要素 … 32
　　1.3.8 依照三要素分析作品 … 35

1.4 本章练习 … 38

第 **2** 章 景观透视

2.1 4种透视 … 40
　　2.1.1 一点透视 … 40
　　│范例│ 用一点透视法绘制滨水景观 … 40
　　2.1.2 两点透视 … 44
　　│范例│ 用两点透视法绘制居住区景观 … 45
　　2.1.3 鸟瞰透视 … 48
　　│范例│ 用鸟瞰透视法绘制空间绿地景观 … 48
　　2.1.4 不规则透视 … 51
　　│范例│ 用不规则透视法绘制局部景观 … 51
　　2.1.5 透视总结 … 54

2.2 3种透视练习 … 54
　　2.2.1 一点透视 … 54
　　2.2.2 两点透视 … 56
　　2.2.3 不规则透视 … 58

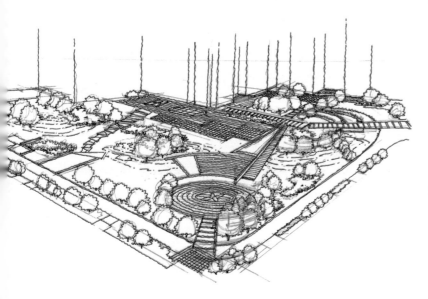

第3章 景观配景线稿

3.1 植物 … 62

3.1.1 乔木 … 62

3.1.2 收边乔木 … 67

| 范例 | 3种收边乔木 … 69

3.1.3 中景乔木 … 70

| 范例 | 3种中景乔木 … 70

3.1.4 远景乔木 … 71

| 范例 | 3种远景乔木 … 71

3.1.5 乔木的组合画法 … 72

| 范例 | 3种乔木组合 … 74

3.1.6 灌木 … 75

3.1.7 中前景灌木 … 77

| 范例 | 3种中前景灌木 … 77

3.1.8 远景灌木 … 78

| 范例 | 4种远景灌木 … 78

3.1.9 灌木的组合画法 … 79

| 范例 | 4种灌木组合 … 79

3.1.10 花草 … 80

| 范例 | 3种中前景花草 … 82

3.1.11 地被 … 82

3.1.12 植物的综合练习 … 83

3.2 人物 … 87

3.2.1 头、上身、下身的比例 … 87

3.2.2 近景、中景和远景中人的不同表现 … 87

　　3.2.2.1 远景人物的常见表现方法 … 87

| 范例 | 10种远景人物 … 88

　　3.2.2.2 中景人物的常见表现方法 … 88

| 范例 | 11种中景人物 … 89

　　3.2.2.3 近景人物的常见表现方法 … 90

| 范例 | 7种近景人物 … 91

3.3 汽车 … 92

3.3.1 车身和车高的比例（平面图、立面图、后视图的表现） … 92

3.3.2 步骤图分析 … 93

| 范例1 | 厢式货车 … 93

| 范例2 | 大巴车 … 93

| 范例3 | 吉普车 … 94

| 范例4 | 三厢轿车 … 94

| 范例5 | 敞篷轿车 … 94

| 范例6 | 轿车 … 95

3.3.3 汽车综合练习 … 95

3.4 石头 … 96

3.4.1 石头范例分析 … 97

| 范例1 | 单体石头 … 97

| 范例2 | 组合石头 … 97

3.4.2 石头综合练习 … 98

3.5 水体 … 98

3.5.1 静态水体的画法 … 99

　　3.5.1.1 错误的静态水体 … 99

　　3.5.1.2 正确的静态水体 … 99

| 范例 | 3种静态水体范例 … 99

3.5.2 动态水体的画法 … 100

　　3.5.2.1 跌水 … 100

　　3.5.2.2 涌泉 … 100

| 范例 | 3种动态水范例 … 101

3.5.3 水体的综合练习 … 101

3.6 材质表现 … 103

第4章　线稿的实景照片写生

4.1 传统民居写生 …105
　　4.1.1 徽派民居1 … 105
　　4.1.2 徽派民居2 … 108
　　4.1.3 四川民居 … 111

4.2 现代景观写生 …114
　　4.2.1 办公区景观 … 114
　　4.2.2 校园景观 … 117
　　4.2.3 住宅区景观 … 120

4.3 欧式景观写生 …123
　　4.3.1 住宅小区中心景观 … 123
　　4.3.2 住宅小区入口景观 … 126

4.4 中式景观写生 …130
　　4.4.1 园林建筑景观 … 130
　　4.4.2 庭院景观 … 133
　　4.4.3 滨水景观 … 136

4.5 日式景观写生 …139
　　4.5.1 寺院景观 … 139
　　4.5.2 公园景观 … 142

4.6 美式景观写生 …145

4.7 本章练习 …148

第5章　景观平面图拉伸空间

5.1 平面图拉伸空间概述 …150

5.2 公园景观平面图拉伸 …151

5.3 屋顶花园景观平面图拉伸 …154

5.4 中式跌水景观平面图拉伸 …157

5.5 小区中心景观平面图拉伸 …160

5.6 小区水景景观平面图拉伸 …163

5.7 小区平面图转鸟瞰图 …166

5.8 公园平面图转鸟瞰图 …168

第 **6** 章　马克笔上色技法

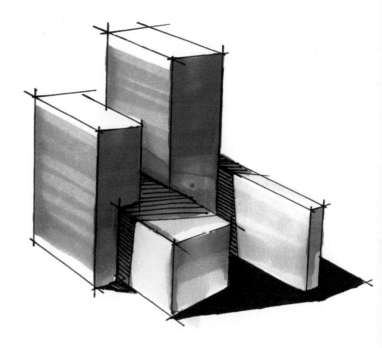

6.1　马克笔属性和笔触 … **172**
  6.1.1 建议马克笔品牌及色号 … 172
  6.1.2 建议彩色铅笔品牌及色号 … 173
  6.1.3 使用马克笔常出现的问题及错误 … 173
  6.1.4 不同笔头马克笔的笔触特点 … 174
  6.1.5 马克笔上色的要诀 … 174
  6.1.6 马克笔线条的不同笔触及运笔方向 … 175
  6.1.7 马克笔体块叠加运笔 … 178
  |范例| 3 种马克笔上色过程 … 178
  6.1.8 马克笔体块的明暗关系 … 179

6.2　马克笔体块上色 … **180**
  6.2.1 体块光影 … 180
  6.2.2 体块应用 … 181
  |范例| 4 种体块的上色 … 183

6.4　植物上色 … **189**
  |范例 1| 斜笔触上色 … 189
  |范例 2| 暖色调上色 … 190
  |范例 3| 绿色系上色 … 190
  |范例 4| 冷色调上色 … 191
  |范例 5| 表现植物生长的笔触上色 … 192

6.5　天空上色 … **196**
  6.5.1 彩色铅笔天空上色 … 196
  6.5.2 马克笔天空上色 … 197

6.3　马克笔材质表现 … **184**
  6.3.1 易出现的错误 … 184
  6.3.2 景观色彩常用搭配 … 184
  6.3.3 常见材质表现 … 185

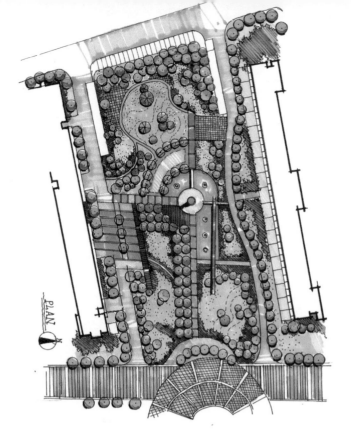

第**7**章 平面、立面上色

7.1 平面植物上色 … 199

| 范例 1 | 6 种单个平面植物的上色 … 201

| 范例 2 | 景观平面图练习 1 … 203

| 范例 3 | 景观平面图练习 2 … 204

| 范例 4 | 景观平面图练习 3 … 205

| 范例 5 | 景观平面图练习 4 … 206

| 范例 6 | 景观平面图练习 5 … 207

7.2 立面、剖面图上色 … 208

7.2.1 立面图 … 208

| 范例 1 | 立面图上色 1 … 209

| 范例 2 | 立面图上色 2 … 210

| 范例 3 | 立面图上色 3 … 211

7.2.2 剖面图 … 212

7.2.2.1 设计公司剖面图风格 … 212

7.2.2.2 考试剖面图风格 … 215

| 范例 1 | 剖面图上色 1 … 216

| 范例 2 | 剖面图上色 2 … 217

| 范例 3 | 剖面图上色 3 … 218

第**8**章 景观快题设计方案与评析

8.1 方案设计 … 220

8.1.1 设计的标准 … 220

8.1.2 景观规划设计的 6 个步骤 … 220

8.1.3 景观结构的重点 … 222

8.1.4 平面构成形式 … 223

8.1.5 植物配置 … 224

8.1.5.1 植物在平面中的作用 … 225

8.1.5.2 植物种植的原则 … 225

8.2 快题案例分析 … 226

8.2.1 别墅景观设计 … 226

8.2.2 度假村设计 … 228

8.2.3 居住区景观设计 … 231

8.2.4 售楼部景观设计 1 … 233

8.2.5 售楼部景观设计 2 … 237

8.3 快题点评 … 241

8.3.1 屋顶花园景观设计评析 … 241

8.3.1.1 任务书 … 241

8.3.1.2 学生方案 … 242

8.3.1.3 老师方案 … 244

8.3.2 售楼部景观设计评析 1 … 246

8.3.2.1 任务书 … 246

8.3.2.2 方案 1 … 247

8.3.2.3 方案 2 … 248

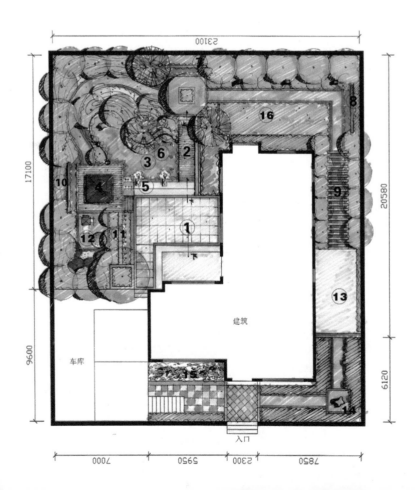

8.3.3 售楼部景观设计评析 2 … 249
    8.3.3.1 任务书 … 249
    8.3.3.2 方案 1 … 250
    8.3.3.3 方案 2 … 251
8.3.4 校园景观设计评析 … 252
    8.3.4.1 任务书 … 252
    8.3.4.2 方案 1 … 253
    8.3.4.3 方案 2 … 254
8.3.5 文化旅游区景观设计评析 … 255
    8.3.5.1 任务书 … 255
    8.3.5.2 方案 1 … 256
    8.3.5.3 方案 2 … 256

8.4 **各类分析图** … 258
    8.4.1 箭头图示 … 258
    8.4.2 分析图 … 259
    8.4.3 功能分析图 … 260
    8.4.4 交通分析图 … 261
    8.4.5 节点分析图 … 262
    8.4.6 植物分析图 … 263

第 9 章　成套景观上色

9.1 别墅景观上色 … 265

9.2 屋顶花园上色 … 268

9.3 游乐区景观上色 … 272

9.4 滨河景观上色 … 275

9.5 售楼部景观上色 … 277

9.6 公园景观上色 … 281

9.7 办公楼前景观上色 … 286

第 **10** 章 综合案例
——从线稿到上色

10.1 节点景观 … 290
　10.1.1 平面分析 … 290
　10.1.2 草图分析 … 290
　10.1.3 铅笔定形 … 291
　10.1.4 勾勒线稿 … 291
　10.1.5 马克笔上色 … 292

10.2 休息区景观 … 295
　10.2.1 平面分析 … 295
　10.2.2 草图分析 … 295
　10.2.3 铅笔定形 … 295
　10.2.4 勾勒线稿 … 296
　10.2.5 马克笔上色 … 297

10.3 游乐场景观 … 300
　10.3.1 平面分析 … 300
　10.3.2 草图分析 … 300
　10.3.3 铅笔定形 … 300
　10.3.4 勾勒线稿 … 301
　10.3.5 马克笔上色 … 303

10.4 景观长廊 … 305
　10.4.1 平面分析 … 305
　10.4.2 草图分析 … 305
　10.4.3 铅笔定形 … 305
　10.4.4 勾勒线稿 … 306
　10.4.5 马克笔上色 … 307

附录 景观设计作品欣赏

写生作品欣赏 … 310

第 **1** 章

绘画基础

1.1 绘画前的准备

工具的选取特别重要，它们的好坏直接影响绘画者的心情和画面。"工欲善其事，必先利其器。"这句名言更加确定了工具的重要性。工具的好坏不在于价格高低，而在于是否适合自己。

1.1.1 各类常用画笔

铅笔 如果绘画者没有设计基础，铅笔可以用于前期的定框，有艺术基础的绘画者可以不用。如果采用木质铅笔，硬度为2B的最好，使用笔芯太硬的铅笔容易在纸面上留下划痕，使用笔芯太软的铅笔在擦除铅笔稿时容易弄脏画面。

自动铅笔 以选择自动铅笔为佳，使用0.5mm的铅芯。建议采用红环或辉柏嘉这两个品牌的自动铅笔。

一次性的针管笔 一次性的针管笔弹性度比较好，可以模拟钢笔效果，出水也比较稳定，特别是日本的樱花牌针管笔作图效果更佳。

签字笔 因其性价比高而得到广泛使用，适合初学者，建议使用晨光签字笔。新笔在使用一段时间后才能磨合出最佳状态，切勿用圆珠笔或油性笔代替。

钢笔 钢笔的品牌众多，价格不等，常见的品牌有凌美（F笔尖）、红环、百乐、英雄等。挑选时应选择笔尖是精致而柔韧，并且在纸面任何方向运动都不会产生断墨现象的钢笔。

纤维笔 不同的握笔方式能使纤维笔画出不同粗细的线条，握笔的力度不能太重，否则使用一段时间后笔头会磨损、变粗。建议使用晨奇纤维笔，在马克笔上色时用它画出的线稿不会渗色。

彩色铅笔 彩色铅笔只是在手绘过程中起到辅助的作用，因此不建议选用整套彩色铅笔，根据画面风格及个人喜好搭配几支即可。建议采用辉柏嘉彩色铅笔。

马克笔 马克笔的品牌众多，上色时应根据画面的风格及特点，搭配不同的颜色或品牌。常见的品牌有TOUCH 5代、法卡勒、凡迪等，建议初学者采用TOUCH 5代、凡迪等品牌。

1.1.2 纸和尺子

　　草图纸也称白报纸，这种纸画出的效果比较好。复印纸比较难表现，因为它的正面比较光滑，在运笔的速度上比较难把握，这种纸的背面特别粗糙，绘画的时候感觉下面像垫着海绵，无形之中运笔速度就会变慢，画出的线条会晕开，从而使画出的线条变得厚重。建议大家刚开始练习时用草图纸，中后期再用复印纸，有了一定的绘画基础后复印纸就比较好把握，这两种纸结合使用，才能得到想要的效果。

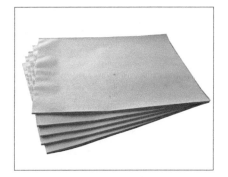

纸 在选择纸张时，普通A4纸以大于80g为最佳，它可以作为线稿用纸，加快运线速度。

尺子 在作图的过程中，有时需要画一些直的线条，这时尺子就派上用场了。

进口复印纸（80g） 80g的A3复印纸，纸面光滑、洁白，常用于马克笔上色。

1.1.3 正确与错误绘画姿势的对比

　　除了握笔和用笔外，良好的坐姿也是很重要的。我们在表现一张手绘图时，要求头正、肩平，胸稍挺起，身体稍微往前倾，保证眼睛视线与纸面保持90°；腰要挺直，使眼睛与画面之间保持一定的距离，这样有利于观察画面的整体；双肩自然下垂，尽可能地放松下来，手臂能够自然地来回摆动。

保持上身挺直，切勿驼背或离纸面过近，否则易产生透视变形。眼睛的视线与纸面呈90°。

如果背部弯曲，那么A3速写板要斜靠在桌面上，使其与视线呈90°角。

如何避免视觉误差

　　如果你的画板放在桌子上，你会发现你的视线与画板有一定的角度，如果角度是小于90°的，那么会出现视觉误差。你坐着看时透视是正确的，而你站起来看时透视是错的，一定不要犯这样的错误。不管采用什么方式画图，都要保证视线与纸面是垂直的。

1.1.4 正确的握笔姿势

握笔时尽量不要靠前，应该握住笔的中段，使笔和纸面呈一定的角度，切勿垂直，否则会遮挡住视线。

 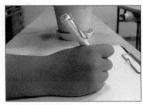 

1.1.5 运笔

我们已经掌握了正确的握笔姿势和坐姿，现在就来学习如何正确地运笔。许多初学者在绘画时，喜欢用手腕，如画一条直线，画好之后仔细一看原来是一条弧线，用手腕运笔的方法是错误的。

有的初学者在画竖线时，只运用手指关节，所以画出的竖线都是往右手边斜，这都是写字时养成的习惯。注意运笔时手指关节和手腕都不能动，用整个手臂画线，也就是说手臂拉动笔在纸上运动，手臂拉得越开，画出的线条越直越长。

有的学习者在想，画特别长的线怎么办？同时运用手臂和腰来进行，线条会画得越来越长，这种线一般用得比较少。

1.2 线条

线条是手绘中最基本的构成元素，绘制线条的熟练程度决定了整幅图的效果。但是又不能将线条看得太重要，在透视、构图、比例各方面成熟的基础上，好的线条可以锦上添花。线条是需要长时间的练习才能掌握的。

1.2.1 错误线条

初学者在练习线条的过程中，会因为个人习惯产生一些错误的画法。以下几点是初学者易犯的错误。

`飘线` 有头无尾、不肯定，在画面中是不允许出现的。

`实线` 运笔慢而匀速，线条没有变化，粗细一样。

`回线` 运笔快结束时往回画了一点，显得犹豫不决。

`断线` 一段线条由若干条短线段组成，既不连贯又烦琐。

> **画墨线的标准**
>
> 墨线画完后，你必须知道自己画的线是做什么用的，如果起不了什么作用，就证明它是废线。其实我们在画这种墨线时应该有一个标准，做到心中有形再下笔。

重复线 一条线画错了,再重复画的线。重复时一般不要超过两条,否则就感觉像描边一样。

交接线 出现在结构交接的地方。第一种是刚刚交接上,这样画出的图就是老师所说的非常匠气,这是经常出现的问题。我们画手绘不是CAD制图,要放松一点,穿出去一点;第二种明显是没有交接上,这种会导致结构模糊。当你在没交接的基础上重新交接上时,会感觉画得特别丑,手绘的时候要求穿出去一点;第三种是穿出去太多,也是错误的。

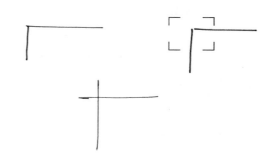

循环线 画地面、水面投影时经常会出现这种错误。这种线会给人画面下坠的感觉,同时还会造成伸缩的不稳定性。注意,即使别人这样画,我们也不能去模仿。

网格线 如果画面中的网格线过多,就会使人感觉整个画面像布满蜘蛛网。注意尽量不用网格线,网格线会造成空间混乱的感觉。

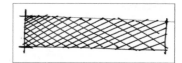

抖线 抖线的第一种错误画法是将线条画得像心电图,这种画法是错误的。画线时没有必要故意去抖,就是很随意地画过去。造成抖线的原因可能是纸没有放平,也可能是在拉笔的时候,手在不经意间划动而产生的抖线。

抖线的第二种错误画法是线刻意抖得特别均匀。

排线方式 在体块内排线一定要头尾与结构线对齐,否则会让人感觉画面中有很多的废线,画面很凌乱。不能使用循环线,如果要使体块有变化,那么排线也要有变化。

  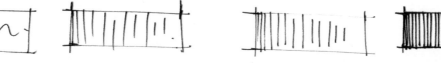 

如何体现线条的作用

线条不是画面中最重要的,它必须依附透视、构图等因素才能体现它的作用。学习者需要长时间的训练才能在绘制线条方面有大的进步。

1.2.2 直线与竖线（快线、慢线）

线条分为快线和慢线两种，通过不同的线条画出的效果完全不一样，都有各自的特点。快线常用于建筑、规划、室内专业，慢线常用于建筑、规划、景观专业。快线具有很强的冲击力，感觉较硬朗，画面风格笔挺且具有张力。此外，快线对透视的要求会高一些，需要长时间的练习。画快线时起笔要放松、肯定，下笔前要考虑线条的透视、角度、长度，在起笔时通过回笔来寻找透视角度。遇到长线时可以分段画或借助尺规，画线时尽量使手臂所在直线与画线方向呈90°角。

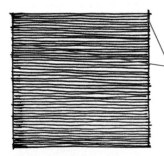

排线的诀窍

在练习排线的时候，一定要注意两头齐，排线要密集。快线或慢线都有自己本身的属性，那就是两头重、中间轻，这表明单独的线条也有虚实变化。

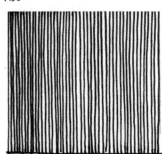

直线 最常用的一种线，在平面图、立面图、剖面图和一点透视图中运用较多。画直线时将力度均匀分配到整个手臂，运动整个手臂向右拖动。注意一定要放松心情，画错了也不要太在意，还有不要憋着一口气画，这样的方法是错误的。一定要在心情比较平静时作图，这样不容易失败。

竖线 较难画的一种线，在平面图、立面图、剖面图和两点透视图中运用较多，常用于建筑、规划。画竖线时将力度均匀分配到整个手臂，注意大拇指和食指的各个关节不能动，运动整个手臂向下拖动，重点在于加大手与纸之间的摩擦（注意竖线是特别竖直的线）。

▲ 直线和竖线

如何使马克笔更易上手

在练习直线或竖线的时候，我们一般选用2cm、4cm、6cm、8cm的线段去练习，这是为了使马克笔更容易上手而做的铺垫。

画长线的方法

在画长一点的直线或竖线的时候，如果线条特别长，可以分段去画。注意分段时断开的地方不能连接起来，还有分段不能超过3段，超过3段则画面就显得特别乱。

快线 画快线起笔要果断，用力要均匀。收笔一定要平稳，中间运笔速度要快。练习绘制快线，会在练习到一定程度的时候自然而然画出相应的效果。

慢线 另一种是慢线（抖线），运笔的速度比较慢，也是有起有落。在白报纸上绘画就要求我们不能停顿，一停顿就产生一个点。慢线远看是一条直线，放大其实是条曲线，这就是我们经常说的"小曲大直"，总体感觉是直的就可以。

轻

重 **快线** 重

慢线

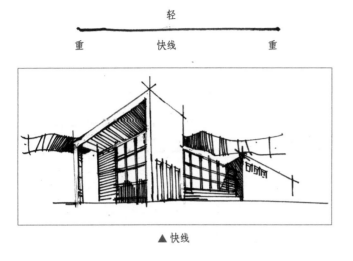

▲ 快线

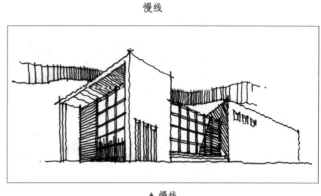

▲ 慢线

1.2.3 斜上线与斜下线（快线、慢线）

斜上线 透视图中常用的线，画线条时主要是手臂带动手腕进行整体运动，避免画成弧线。

斜下线 透视图中常用的线，运笔时通过手臂和手腕共同运动来完成。往右下方运笔，易造成手腕的运动，应保持手臂和手腕共同运动。

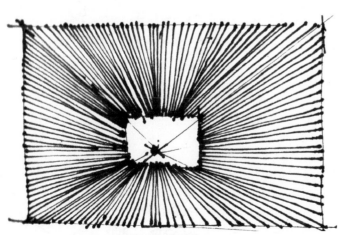

▲ 斜上线和斜下线

▲ 直线、竖线、斜上线、斜下线

1.2.4 弧线（扁弧线、正圆弧线）

弧线 分为扁弧线、正圆弧线。虽然这些线在空间中用得不多，但绘制时很容易发生错误。

扁弧线 扁弧线常用于画地面及一些植物，从一点开始循环绕线，上下线之间的距离一定要近。一般用在入口处的道路、喷泉、湖面，以及某些植物和水面等。

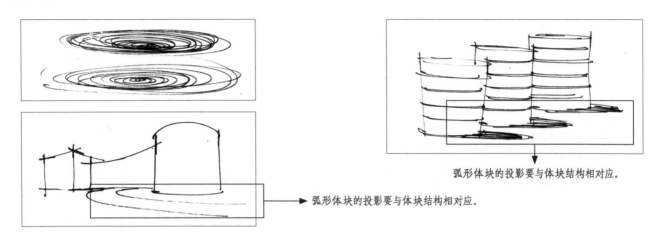

➤ 弧形体块的投影要与体块结构相对应。

➤ 弧形体块的投影要与体块结构相对应。

正圆弧线 正圆弧线常用于平面图和平面中的植物，需要多加练习。

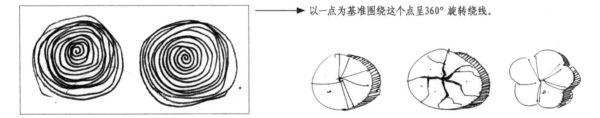

➤ 以一点为基准围绕这个点呈360°旋转绕线。

1.2.5 植物线条的基本型、变化型及应用

在画植物线时，要放松、随意地去勾画，注意每个角度都不一样（同理于世界上没有两片叶子是完全相同的），要画出它的变化，线条要刚柔并济。植物线条是所有线条中最难绘制的一种，分为"几"字形、"W"形、"M"形。

"几"字形

▲ 基本形体

▲ 不规则变化

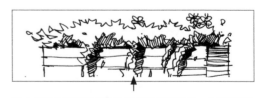

灌木的形体及明暗交界线用"几"字形线条，暗部用弧线来体现它的体块感。

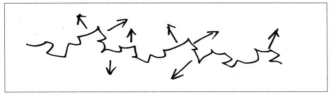

▲ 运线走势

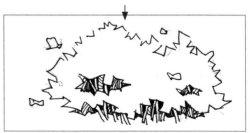

"W"形

▲ 基本形体

绘制植物线条的章法

　　绘制植物的线条没有一定的章法,只要画出植物的基本形体,不管用什么样的线条去表现都可以。

▲ 变化线形

→ 绕线有变化,局部夸张。

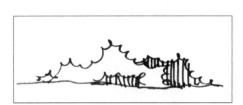

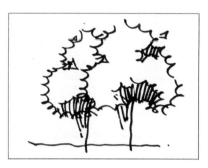

▲ "W"形应用范例

"M"形

▲ 基本形体

▲ 变化线形

"几"字形、"W"形、"M"形3种植物绕线的方式经常在一个物体中互相转换,使物体更有变化。

先将基本形确定出来,绕线的方式根据自己的习惯,没有什么规定。

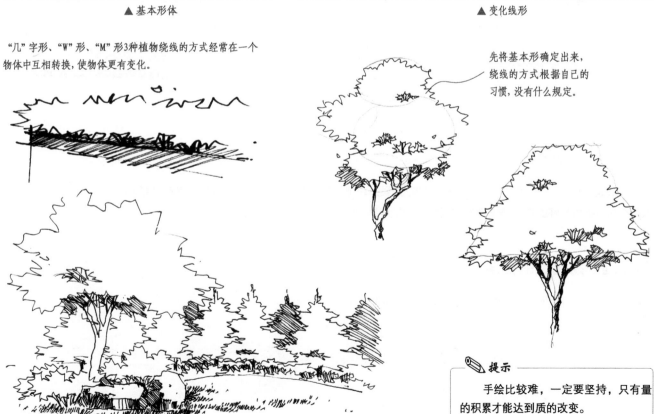

✏️ **提示**

　　手绘比较难,一定要坚持,只有量的积累才能达到质的改变。

1.2.6 各种线条的练习方法

建筑手绘和规划手绘不需要有美术功底，也不需要有美术修养，主要是解决透视的问题，另外就是要考虑比例、尺度和空间等问题。它对于构图的美观度不像景观那么严格，只要能将建筑表达清楚就可以，或者说将体块关系表达清楚就可以。

不同物体有其不同的外形结构，在用线条表达时要尽可能地提取物体的特征，掌握直线、曲线、折线及其他几种线形的组合画法。在此要提醒大家，练习线条特别是不规则的折线时，下笔要肯定，不要犹豫、迟疑，使线条连贯，要做到这一点，应多结合体块和透视一起练习。

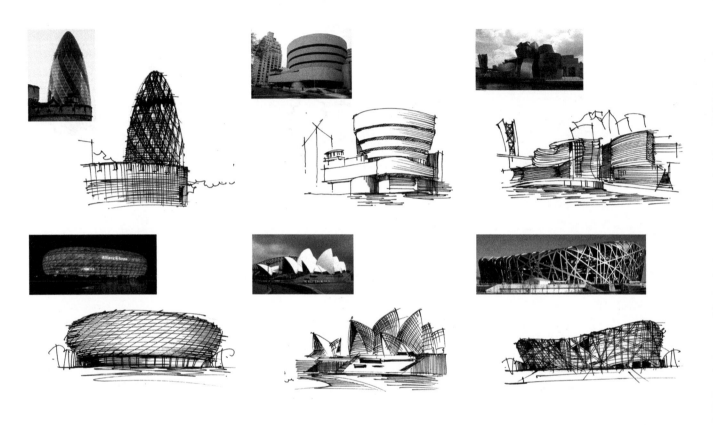

1.3 体块

体块是透视的基础，也是画一切物体的根本。如果体块出现了透视、结构或比例的问题，就不可能画出好的效果。绘制体块是练习空间想象力最好的方法，画的时候要注意体块的穿插、遮挡和结构等。

1.3.1 易出现的错误

易出现的错误有透视不正确、体块变形、结构不明确、比例失调。

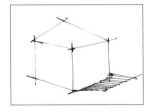
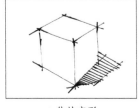

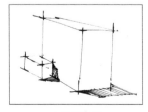

▲ 透视不正确　　　　▲ 体块变形　　　　▲ 结构不明确　　　　▲ 比例失调

1.3.2 透视

范例1 | 一点体块透视

01 根据透视画出一个方形体块的平面透视图。

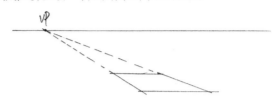

02 根据方形体块平面透视,切割出本来的平面图。

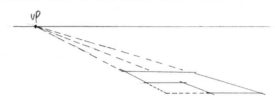

03 根据切割出的透视平面图,向下拉伸出高度,再与灭点相连。

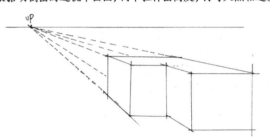

✎ **提示**

所有不规则平面图均按照方形来处理,再进行切割。

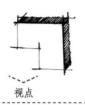

视点

体块透视拉伸原则

① 根据平面图选择表现面。

② 便平面图发生透视变化。

③ 根据发生的透视变化再拉伸。

✎ **提示**

选择体块透视的角度非常重要。

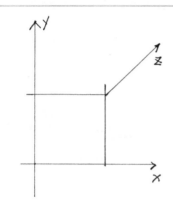

一点透视体块,斜轴向上所有的线均平行,斜轴向上的线都相交于斜点(灭点)。

范例2 | 两点体块透视

01 根据透视画出一个方形体块的平面透视图。所有的线分别与VP1、VP2相交。

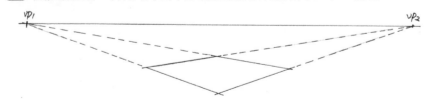

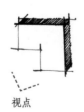

视点

02 根据方形体块平面透视,切割出本来的平面图。

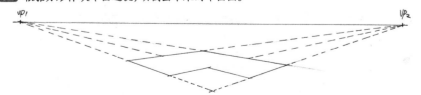

03 根据切割出的透视平面图，向下拉伸出高度，再与灭点相连。

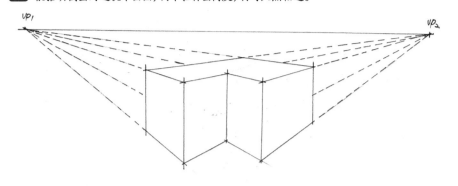

如何使体块不变形
　　两点透视中，灭点之间的距离尽量远一些，体块就不会变形。

范例3 | 俯视

　　景观手绘表现图除了一点透视、两点透视以外，最有说服力的表现方式应该是俯视。俯视图也称为鸟瞰图，它所表现出来的空间场景更具直观性，可以将每个空间的立体效果和空间动线表现得更真实，使观者更容易看懂，犹如进入一个真实的空间。其缺点就是比较难表现，完整地绘出一张准确到位的鸟瞰图所要花费的时间会多一些。下面，来讲解一个实例。

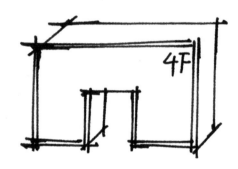

01 先确定出建筑物的平面图，注意要绘制出建筑在地面上的投影。

02 画出建筑在地面所占的大小，注意透视中近大远小的关系。

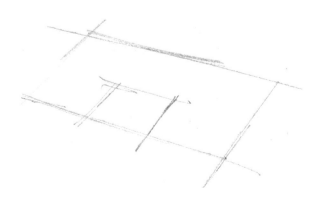

03 继续确定建筑所占地面的形状，准确地表现出建筑的特点。

04 将平面图画好之后,在平面的基础上拉伸空间,这样建筑的体块效果就表现出来了。

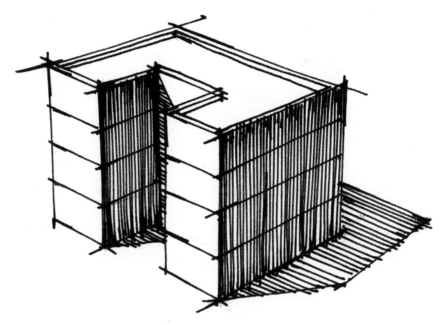

05 铅笔线稿完成后,接下来用勾线笔先描绘出外形边框,再进行明暗面的塑造,注意不要忘记建筑旁边投影的绘制。

画俯视图的比例

在画这种图的时候注意上面和侧面的比例是1:3或1:2。注意,在画鸟瞰图时最好选用1:2或1:1.5的比例。

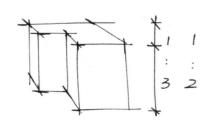

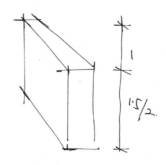

1.3.3 组合体块的透视与投影

有时画单个体块没有什么问题，但是在画多个体块时就会不是按照同一个透视绘制，这是因为没有从整体出发。在画组合体块的时候，一定要注意近大远小的关系，组合体块的重点是遮挡、穿插。

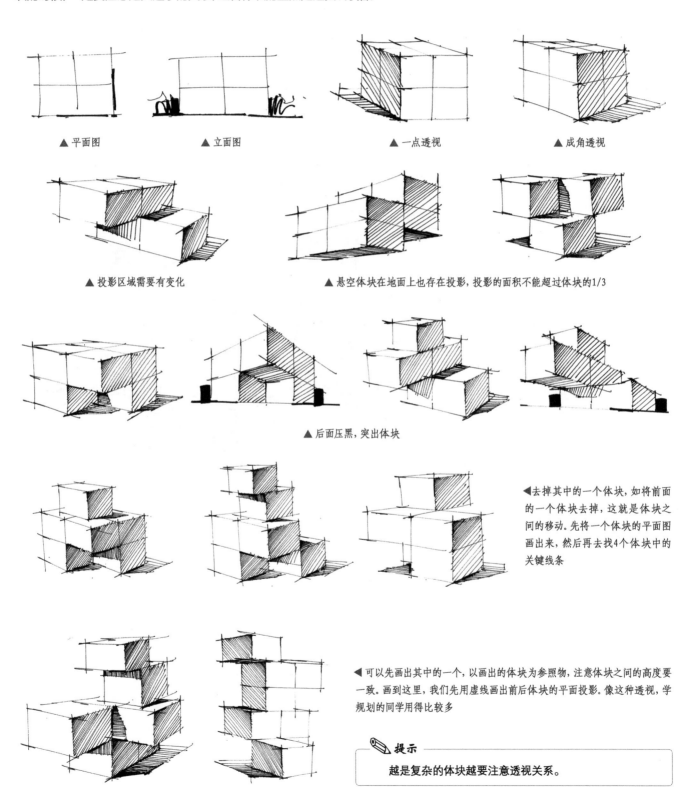

▲ 平面图   ▲ 立面图   ▲ 一点透视   ▲ 成角透视

▲ 投影区域需要有变化   ▲ 悬空体块在地面上也存在投影，投影的面积不能超过体块的1/3

▲ 后面压黑，突出体块

◀去掉其中的一个体块，如将前面的一个体块去掉，这就是体块之间的移动。先将一个体块的平面图画出来，然后再去找4个体块中的关键线条

◀可以先画出其中的一个，以画出的体块为参照物，注意体块之间的高度要一致。画到这里，我们先用虚线画出前后体块的平面投影。像这种透视，学规划的同学用得比较多

✎ 提示

越是复杂的体块越要注意透视关系。

在规划中经常会画多个体块组合,不管是规则的体块还是不规则的体块都按照方形来处理,再进行细节变化。需要注意的是,在发生透视变化后,远近的体块比例容易失调。

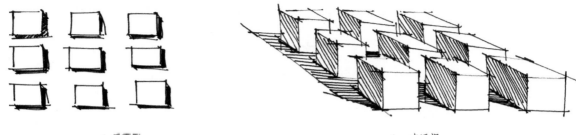

▲ 平面图   ▲ 一点透视

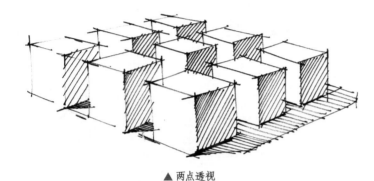

两点透视的鸟瞰图中,离观看者最近的两条地面线的夹角一定不能太大,否则容易造成视平线过低。

▲ 两点透视

狗视图就是将能看到的两个面,根据平面图由近到远分割成相应的体块。

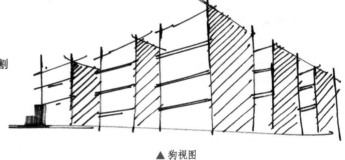

▲ 狗视图

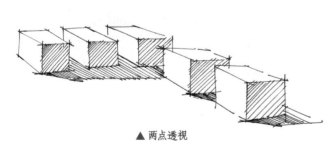

▲ 两点透视

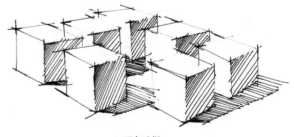

▲ 两点透视

组合体块中有缺少的部分,通过前、后体块的地面线来连接,使前、后体块在透视上不会出现问题。

对于初学者来说,透视体块的练习是我们掌握透视、比例关系的最好方法。

 提示

体块比较少的时候,尽量将建筑的女儿墙给画出来,这样使人感觉有细节可看(女儿墙有高度和厚度)。

1.3.4 建筑物的体块划分

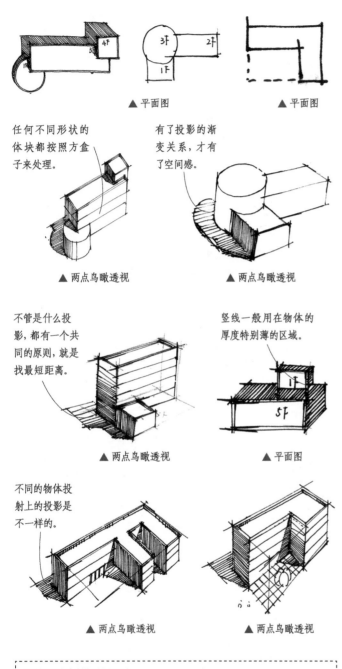

▲ 平面图 　　　　　▲ 平面图

任何不同形状的体块都按照方盒子来处理。

有了投影的渐变关系，才有了空间感。

▲ 两点鸟瞰透视 　　　▲ 两点鸟瞰透视

不管是什么投影，都有一个共同的原则，就是找最短距离。

竖线一般用在物体的厚度特别薄的区域。

▲ 两点鸟瞰透视 　　　▲ 平面图

不同的物体投射上的投影是不一样的。

▲ 两点鸟瞰透视 　　　▲ 两点鸟瞰透视

建筑设计中的透视原则

　　① 在画物体的时候，一定要归纳出整体轮廓，然后再分出其中的小体块。体块的累加、整体透视及组合还是要多加练习，这对绘制规划图有很大的帮助。

　　② 在建筑设计当中，必须是建筑主群才可以使用一点透视。如果是单体建筑，千万不能使用一点透视。

光影的选择原则

　　顺着透视方向，光影的选择原则是面积最小的区域为光影区。

狗视图 该视图即绘画者以狗的角度画出建筑透视图。画出的建筑比较宏伟，且张力比较强。画狗视图要用面的处理方式去处理。

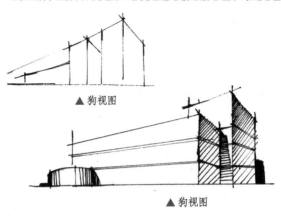

▲ 狗视图

▲ 狗视图

▲ 狗视图

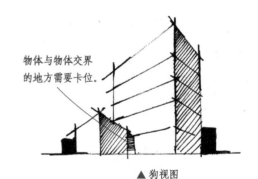

物体与物体交界的地方需要卡位。

▲ 狗视图

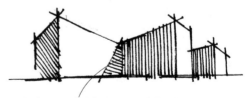

斜线一般多用于物体与物体之间或单个物体的投影处。

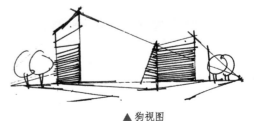

▲ 狗视图

1.3.5 平面拉伸体块——字体透视（汉字、字母）

1.3.5.1 汉字拉伸

字体透视是比较难掌握的，字本身的笔画难易程度就决定了透视的难度。字体要保证宁方勿圆。

01 先将字体根据透视画出一个方形平面投影。

02 划分字体结构。如"建"字为左右结构，"筑"字为上下、左右结构。要考虑近大远小的透视关系。

03 根据近大远小的透视关系勾勒出字体发生透视变化后的形体。

04 向下垂直拉伸出一定的高度，根据透视及遮挡关系对体块进行组合。

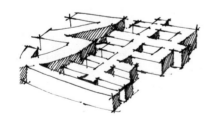
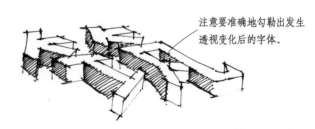

注意要准确地勾勒出发生透视变化后的字体。

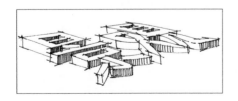

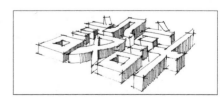

 提示

字体的透视要根据字体的结构来确定透视的复杂程度，与方形地面投影的大小也有关系，初学者在练习时要从易到难。

1.3.5.2　字母拉伸

在建筑、规划和景观中常用的字母体块是T、H、I、F、L、E、U。单个字母就像是一栋单体建筑，字母的组合就像是一组规划。因此建筑、规划和景观专业的学生应该加强字母体块的训练。

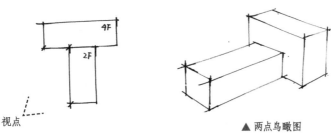

高度不一的建筑体块，要以一个体块的长、宽、高为参照来画其他的体块。

▲ 两点鸟瞰图

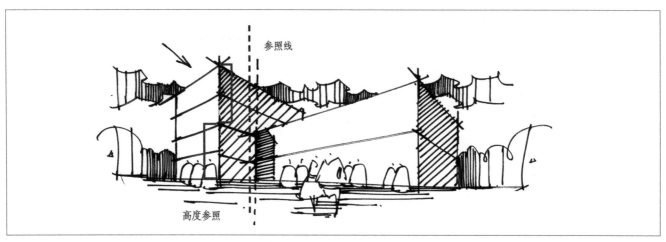

▲ 两点狗视图

▼ 平面图

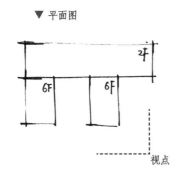

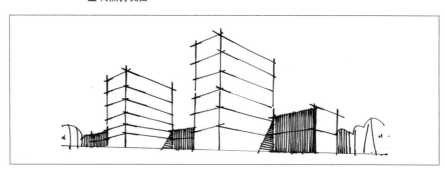

▲ 狗视图

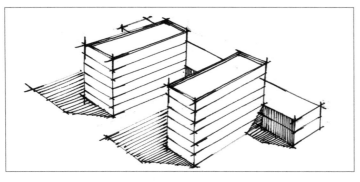

▲ 鸟瞰图

鸟瞰图 都是先确定平面投影，也叫作定位。这一步很关键，因为体块容易在这个地方出现问题。另外，光影关系处理的原则是以最小面为暗部。

1.3.6 体块、透视、光影综合练习

体块、透视和光影结合起来就有了一定的难度，不过我们可以先把握透视关系，在透视的基础上抓住体块的表现，最后准确表现物体的投影形状和大小。

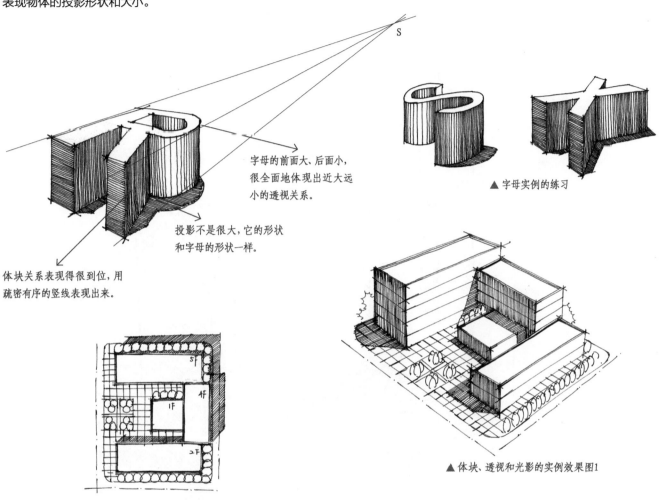

字母的前面大、后面小，很全面地体现出近大远小的透视关系。

投影不是很大，它的形状和字母的形状一样。

体块关系表现得很到位，用疏密有序的竖线表现出来。

▲ 字母实例的练习

▲ 体块、透视和光影的实例效果图1

体块、透视和光影的表现在画面中不是特别明显，但是我们在画景观效果图时一定要做到心里有数，要将这三者之间的关系表现到位。

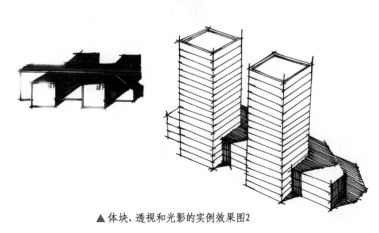

▲ 体块、透视和光影的实例效果图2

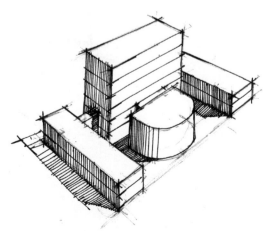

要想准确表现体块的关系，我们可以先从几何体开始画起。

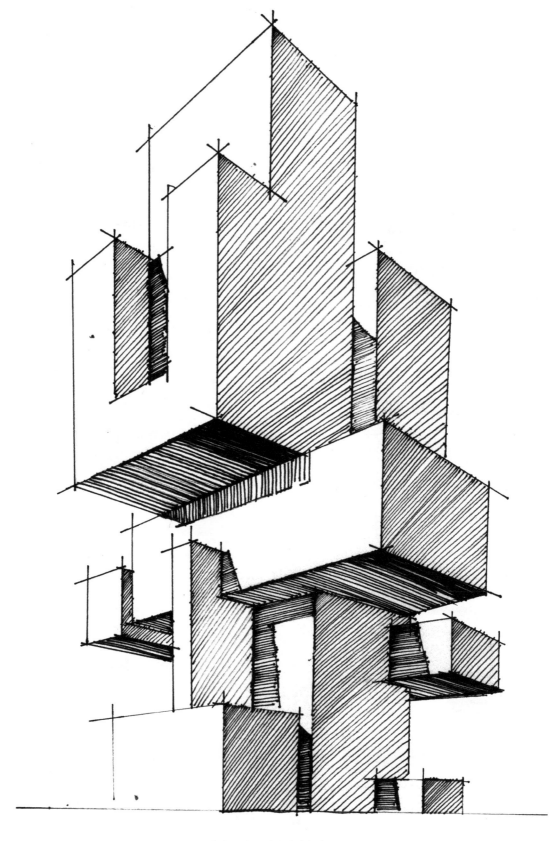

▲ 体块、透视和光影的实例效果图3

▲ 体块、透视和光影的实例效果图4

1.3.7　临摹的三要素

　　临摹作品首先要观察、分析作品的透视、主次、比例和构图等要素，在保证形体、透视等没有大的问题的情况下再进行细部的刻画。很多初学者在临摹别人的作品时，经常会出现图的大小比例不符、结构不清晰等问题，一味地去临摹别人的线条及形体表现，而忽略了自己对画面的理解。切记，临摹别人的作品只是对建筑的比例和结构进行临摹，具体的线条、光影关系应根据自己对画面的理解进行刻画。

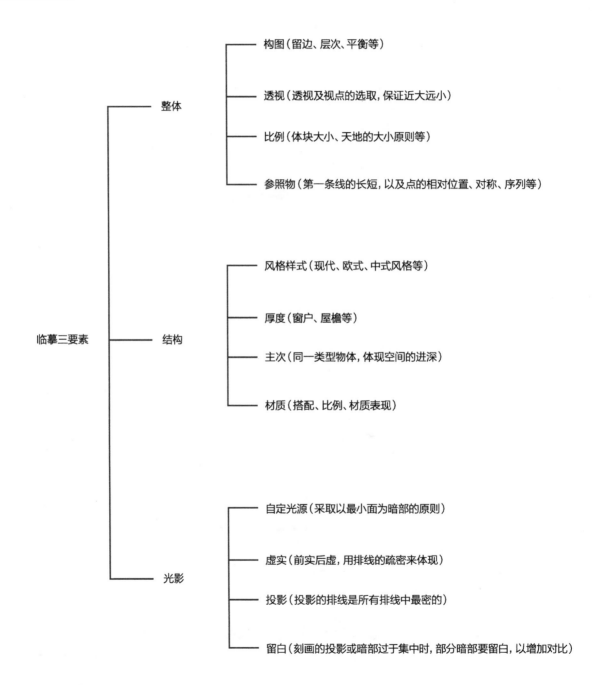

- 整体
  - 构图（留边、层次、平衡等）
  - 透视（透视及视点的选取，保证近大远小）
  - 比例（体块大小、天地的大小原则等）
  - 参照物（第一条线的长短，以及点的相对位置、对称、序列等）
- 临摹三要素
- 结构
  - 风格样式（现代、欧式、中式风格等）
  - 厚度（窗户、屋檐等）
  - 主次（同一类型物体，体现空间的进深）
  - 材质（搭配、比例、材质表现）
- 光影
  - 自定光源（采取以最小面为暗部的原则）
  - 虚实（前实后虚，用排线的疏密来体现）
  - 投影（投影的排线是所有排线中最密的）
  - 留白（刻画的投影或暗部过于集中时，部分暗部要留白，以增加对比）

留边 也就是画面边缘不能画得太满，要留出白边，表明画在纸的里面。

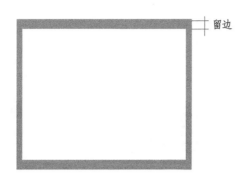

留边

层次 任何一张建筑图上，要想表现出丰富的层次感（层次拉得很开），除了利用建筑本身去体现它的层次之外，还可以用植物去体现，如前景植物、中景植物、远景植物。另外，在中景植物中也可以有层次，在远景植物中还可以有层次。

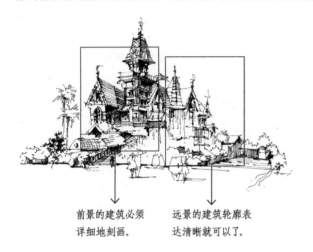

前景的建筑必须
详细地刻画。

远景的建筑轮廓表
达清晰就可以了。

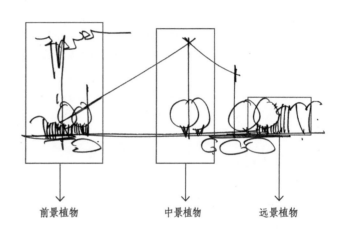

前景植物   中景植物   远景植物

平衡 如果画面出现不平衡，可以添加植物来保持左右的平衡；如果还是没达到平衡，再用签日期和姓名的方式继续调节左右的平衡；如果仍然没达到想要的效果，可以选用凡迪马克笔的98号色在颜色较轻的一边选一处直接将颜色加重，使其人为地达到平衡。

主次 在画体块的时候，前面的是主、后面的是次，而且前面的入口为主入口，这是我们要重点表现的地方。注意不能将次要的东西刻画得过于详细。

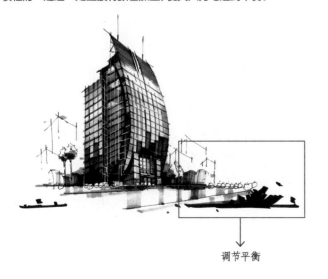

调节平衡

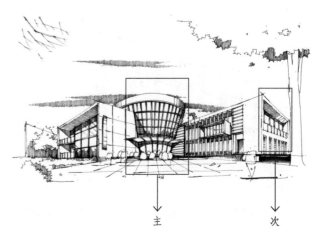

主   次

天地的大小原则 只要不是鸟瞰图，其他的图都是"天大地小"的原则。鸟瞰图是"地大"的原则，没有天。

▲ 天大地小   ▲ 地大

透视 不管是鸟瞰还是狗视，成角透视用得最多，一点透视用得比较少，可以忽略不计。主要用的是成角透视和轴侧透视，三点透视用得很少，表现高耸的建筑用的是三点透视。

比例 方案快题的基本考点，一定要注意体块的比例、天与地之间的比例和主次之间的比例。在空间当中，只能用人来确定它的比例关系。人充当了比例尺，一个空间中可以没有树、没有车，但是不能没有人，人是画面中重要的元素。

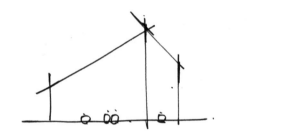 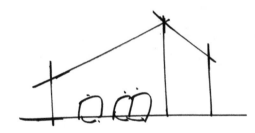

参照物 线、点、面、体块都是参照物。比如，有一面墙特别长，上面有很多的窗户，窗户差不多都是一样的，你画的第一个窗户就是参照物。在欧式建筑或中式建筑当中讲究对称，如果将其中的某一边画完之后，另外一边肯定是对称的，注意不能画得一边大、一边小。参照物就是我们在整体当中要考虑的东西，这是绘制任何一幅图之前都要考虑的重点内容。

风格样式 不能在中式建筑里面出现欧式的结构，样式要统一。

厚度 任何东西都是有厚度的。如窗户从前到后都有厚度，不要只表现前面窗户的厚度，而忽略了后面窗户的厚度。另外屋檐或台阶也都有厚度。

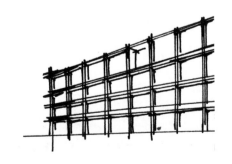 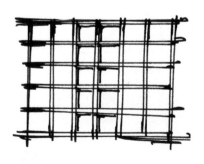

✏️ **提示**

第一笔就要确定出画面的长、宽和高，第一条线就是你的主参考线。

1.3.8 依照三要素分析作品

本例中的这幅作品是欧式建筑，采用典型的一点透视，画面中间区域就是这幅图的主表现区域。相当于中间体块是一个建筑的立面，两侧的体块根据一点透视进行透视变化。

01 地面相对比较单一，添加投影使体块与地面有了联系，同时还丰富了地面。

02 两边建筑体块的高度与中间建筑体块的高度不一，体现了不同建筑体块的高度，还丰富了建筑的天际线。

03 中间建筑体块的屋顶与墙面形成了很大的反差，对比很强。

▼ 天际线

 提示

在临摹别人的作品时，我们只是临摹作品的外形，具体的光影、排线和细节处理上可以根据画面的需要进行调整。

步骤图

01 对整体进行勾勒。

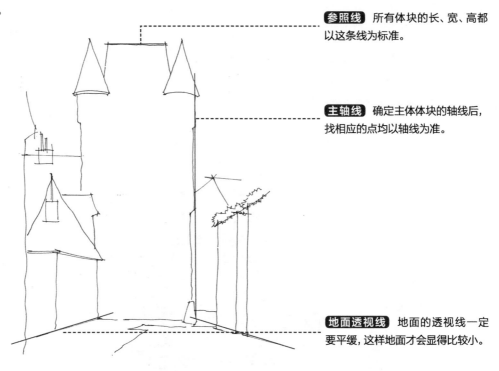

参照线 所有体块的长、宽、高都以这条线为标准。

主轴线 确定主体体块的轴线后，找相应的点均以轴线为准。

地面透视线 地面的透视线一定要平缓，这样地面才会显得比较小。

02 对结构进行细化。

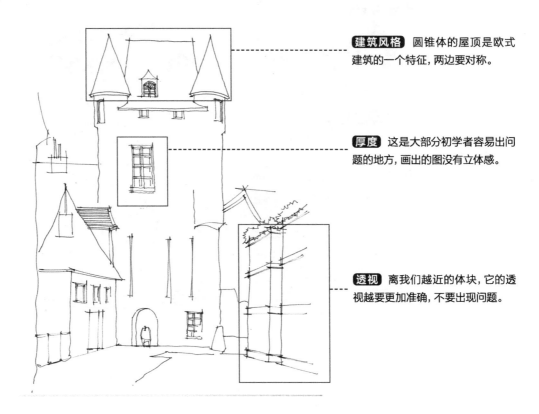

建筑风格 圆锥体的屋顶是欧式建筑的一个特征，两边要对称。

厚度 这是大部分初学者容易出问题的地方，画出的图没有立体感。

透视 离我们越近的体块，它的透视越要更加准确，不要出现问题。

03 对建筑进行光影处理。在一幅图中的光影方向只能有一种。

▲ 圆锥体的暗部要根据体块的结构排线

▲ 圆锥体的投影划定为椭圆形投影区域

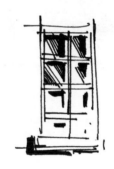

▲ 窗户、屋檐等需要有厚度的表达

◀ 为了加强对比，地面通过排线进行处理，同时该区域又是投影区域

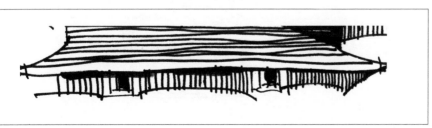

◀ 屋檐要有厚度，屋檐下的投影要有规定区域

1.4 本章练习

　　下面，我们将学到的知识结合起来运用在练习中，根据平面图勾勒出这幅小景的线稿效果图，注意环境配景要表现出层次感。

原图分析　这是一幅我国徽派建筑的线稿效果图，作者通过黑白灰的处理来突显建筑的特征，徽派建筑的马头墙是刻画的重点。

整体分析　本案例采用典型的一点透视，地面的处理决定了建筑进深。马头墙的结构较为复杂，其比例较小，刻画难度较大。

结构分析　马头墙的结构是随着前后关系的虚实变化而变化的，场景中最前面的植物线条要根据光影进行变化。

光影分析　暗部尽量放在有落差的区域以突出前后关系。将地面压黑可以使建筑显得较为沉稳。

第2章

Chapter 2

景观透视

2.1　4种透视

透视是决定一幅效果图是否精彩的重要因素，好的透视表达可以增强画面的立体感与张力，而不好的透视表达则会使画面平庸且没有生气。透视一般分为4种：一点透视、两点透视、鸟瞰透视、不规则透视。

2.1.1　一点透视

一点透视，又叫作平行透视，在景观效果图的表现中应用广泛。它的x、y轴向线均平行，z轴向线均相交于灭点。由于建筑物与画面间相对位置的变化，因此它的长、宽、高这3组主要方向的轮廓线与画面可能平行，也可能不平行。如果建筑物有两组主向轮廓线平行于画面，那么这两组轮廓线的透视就不会有灭点，而第3组轮廓线就必然垂直于画面，其灭点就是心点VP，这样画出的透视称为一点透视。在此情况下，建筑物就有一个方向的立面平行于画面，因此又称为正面透视。

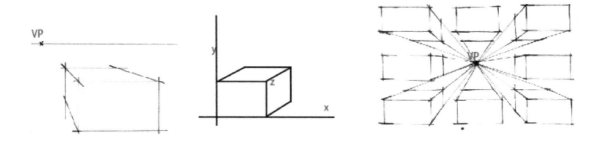

哪种建筑适合一点透视

在建筑设计当中，必须是建筑主群才可以使用一点透视。如果是单体建筑，千万不能使用一点透视。一点透视不适合建筑设计和规划设计，用一点透视画出来的效果图会显得很呆板，这就是一点透视的缺点。如果你对成角透视把握得不好，那么就选择一点透视，但是不到万不得已不要用一点透视。

范例｜用一点透视法绘制滨水景观

01

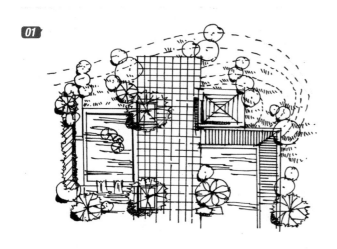

平面图分析　本例中的手绘主要是表现场景中的构筑物，大面积的地面铺装及水面是场景中最难表达的地方，植物的搭配在场景里起到关键性的作用。

02

草图分析　较多的构筑物使画面更加紧凑，大面积的道路用添加人物的方式打破整体的构图。

03

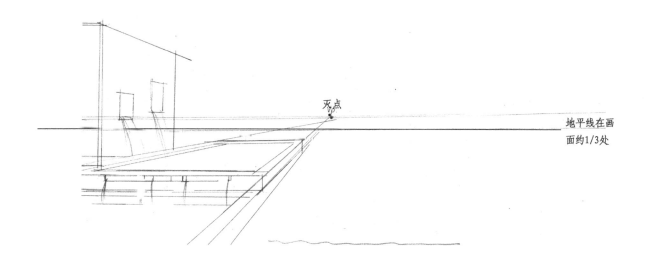

灭点

地平线在画
面约1/3处

一点透视定位 根据平面图来决定主要表现面,确定灭点的位置,在画面约1/3处确定为地平线,然后在适当的位置选取灭点,并通过灭点确定道路。

04　　　　　　　　　　　　　　　　　　　　**05**

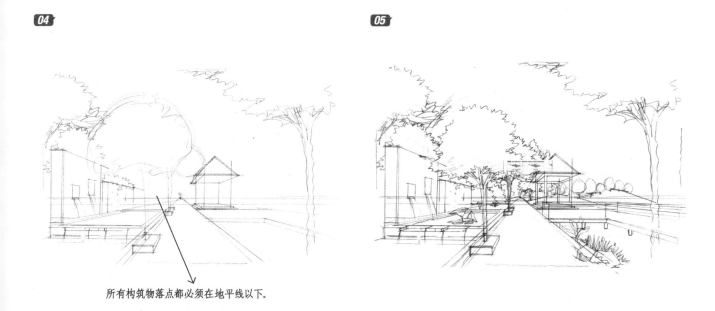

所有构筑物落点都必须在地平线以下。

确定构筑物的位置 根据平面图中构筑物的位置及立面图的高度来确定构筑物,不要求十分精确,但画面中所有的构筑物要经透视线与灭点相连。

场景定位 确定构筑物位置后,就需要对场地进行定位。需要与平面图一致,特别是有落差的地形。

06

植物细化及环境的添加 对远景、中景、近景植物的形态和大小进行细分，并对地面和不同构筑物的材质进行划分。同时增添场景感，在画面中适当增加人物或鸟类，根据画面的需要描绘天空。

07

勾勒主体结构线稿 勾勒主透视线及主要的构筑物。水体的线条方式要与主体构筑物的线条区分开。如果构筑物的线与植物线之间有遮挡，应根据遮挡关系进行取舍。

08

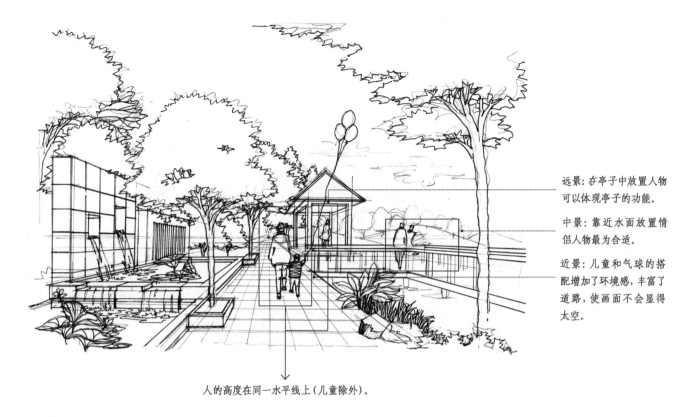

远景: 在亭子中放置人物可以体现亭子的功能。

中景: 靠近水面放置情侣人物最为合适。

近景: 儿童和气球的搭配增加了环境感, 丰富了道路, 使画面不会显得太空。

人的高度在同一水平线上 (儿童除外)。

绘制人物 人物以两人、三人为组。单个的人不要多, 人物是按照疏密及远景、中景、近景的层次进行绘制的。

09　　　　　　　　　　　　**10**

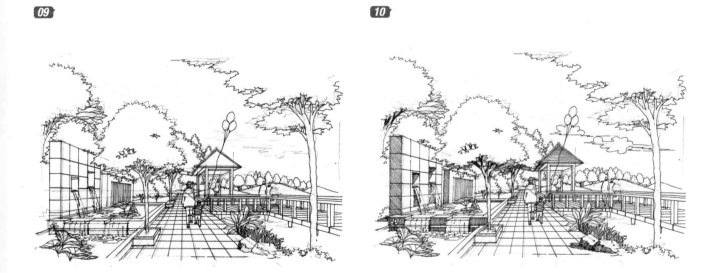

地面及栈道地面处理 因为两种地面为不同的材质且分割宽度不一, 根据近大远小的原则, 宽度由宽到窄进行变化。近处的收边不要过于整齐。

构筑物光影处理 根据暗部最小面的原则对构筑物进行处理。为了不与结构线冲突, 分别使用斜线、竖线由密到疏进行排线。

11

 画面整体调整 植物的明暗关系是由植物的暗部及树干投影区域组成的，远处的植物使用排线方式进行区分，特别是远处的山地和构筑物交接的地方可以用排线来体现出远近关系。

> ✏️ **提示**
>
> 在建筑与植物相交时，为拉开建筑与植物的层次，应在建筑上排线。

2.1.2 两点透视

两点透视，又叫作成角透视，常用于表现景观效果图。因为两点透视有两个灭点，所以图像的立体感强，初学者可以将灭点固定在地平面上，熟练后可以凭感觉表现透视关系。如果建筑物仅有铅垂轮廓线与画面平行，而另外两组水平的主向轮廓线均与画面斜交，那么在画面上就形成了两个灭点，即Fx和Fy，这两个灭点都在视平线上，因此形成的透视图称为两点透视。建筑物的两个立角均与画面呈一定的倾斜角度，所以又称成角透视。

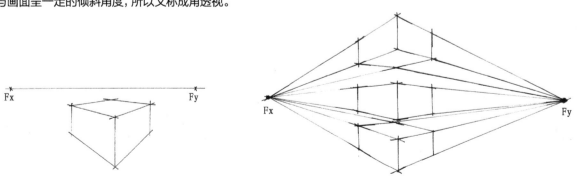

> ✏️ **提示**
>
> 两点透视中的两个灭点在同一条视平线上，灭点之间的距离决定了形体的透视角度大小。

范例 | 用两点透视法绘制居住区景观

01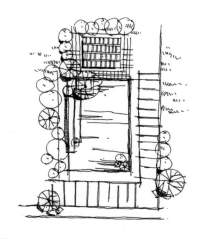

平面图分析 平面图主要表现景观墙和水景。L形的道路使两点透视的线更加平缓。

02

草图分析 根据平面图可以得知远景的内容太少，可以添加一些构筑物来丰富场景。

03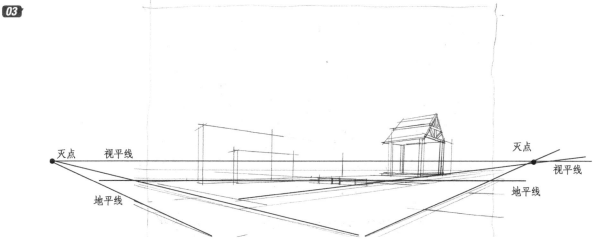

两点透视 在画面约1/3的位置确定地平线，然后确定视平线，注意视平线应高于地平线。两个灭点一般是在纸的两端，然后画出地面主要的道路区域。

04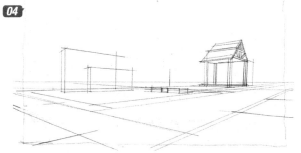

确定构筑物 将大的道路关系确定好后，根据近大远小的原则以平面图找出构筑物的位置，注意所有的地面投影都不能超过地平线。

05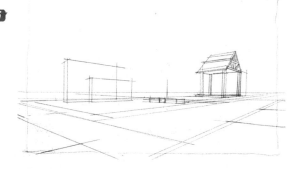

确定构筑物高度 根据地面投影的比例关系对构筑物进行拉伸，这样就可以保证构筑物在空间的具体位置，不至于使其发生变化或飘在空中。

06

植物定位 确定构筑物后，要对环境中所有的植物进行定位。不同层次的植物在高度、大小和品种上都要有变化。

07

不同层次的植物细化 不同层次的植物确定后，还要对每个层次中的植物进行细化，使画面有丰富的细节。然后根据平面图的设计对地形进行调整。人物的添加可以使画面更加有环境感。

08

勾勒主透视线 构筑物与地面的关系要表达清楚，在拐角过多、线过长的地方用石头、植物进行调节。

提示

转角的地方用软性线条来对物体进行软化。

09

不同层次植物定位 收边植物的树形要根据画面构图的需要进行调整，中景植物与构筑物的搭配要和谐，远景植物要拉开与中景植物的层次。

提示

起伏地形的高度是以构筑物的高度为参照确定的。

10

增加不同层次的植物 不同层次的植物要与整体的透视相协调，并且植物刻画的详细程度要根据远近进行虚实变化的调整。

11

远景植物刻画 因为远景植物面积较小，并且还要在前景植物、中景植物的缝隙中进行组织刻画，所以表现难度较大。无论要表现的植物在画面中有多远，植物的外形及其之间的关系一定要表达清楚。

画面整体调整 为树干、树和人物添加光影关系，使画面有空间感。根据画面的需要对天空进行调整。

✐ **提示**

注意跌水的地方要表达清楚前后之间的关系，重点突出跌水。

✐ **提示**

人物比较靠前，所以称为前景人物，要塑造得精细一点。

✐ **提示**

收边树下的植物要仔细绘制，主要选用"W"形线来表现叶片的边缘。

2.1.3 鸟瞰透视

鸟瞰图，就是从空中俯视的图像，也叫作俯视图，只能看到整体的外部效果。鸟瞰是景观表现中最常用的透视方法，其实就是将视平线人为压低，这样空间张力感更强，同时地面的面积也随之减少，利用配景的刻画来避免地面出现透视错误，为将来地面的上色提供方便。

范例 | 用鸟瞰透视法绘制空间绿地景观

鸟瞰图透视其实也是两点透视中的一种，只是视平线的高度不一样而已，其他的透视原则与两点透视一样。因为鸟瞰图透视更能表现整体空间，所以被经常使用，但其表现难度较大，会给初学者的学习带来困难。下面，通过典型实例的讲解，学习如何画鸟瞰透视的景观效果图。

01

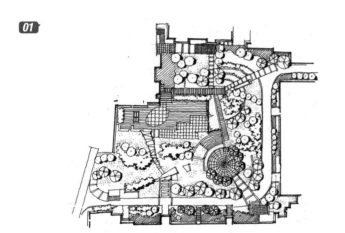

平面图分析 平面图的道路不规则，不同的地面造型使得鸟瞰图的绘制难度增加。

02

草图分析 画大面积的鸟瞰图需要将外面的两条透视线放得平缓一些，这样可以避免出现透视的错误。

03

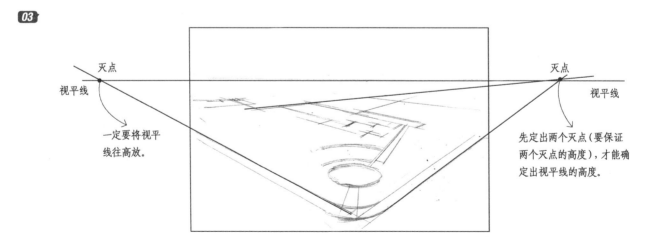

灭点
视平线
一定要将视平线往高放。

灭点
视平线
先定出两个灭点（要保证两个灭点的高度），才能确定出视平线的高度。

鸟瞰两点透视 在画面上部的边缘处确定视平线，视平线的位置根据所需要平面的大小来确定，灭点选在纸面的两端。

如何保证不遮挡路网

在画鸟瞰图时，一定要将视平线往高放，不能放得太低，否则物体与物体之间的遮挡就过多，画出的效果图会看不到路网，路几乎都被遮挡住了。

04

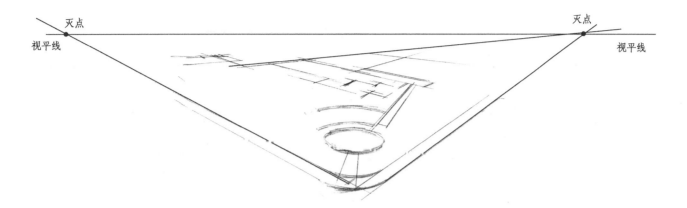

視平线 灭点　　　　　　　　　　　　　　　灭点 視平线

道路、构筑物的地面定位 根据大致的比例对道路和构筑物进行定位,特别是弧形的道路,应按照"八点定圆"原则进行定位。

05

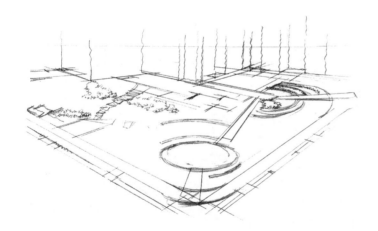

次干道路网定位 次干道连接主干道,遇到圆形地形需要根据"八点定圆"原则进行定位。

06

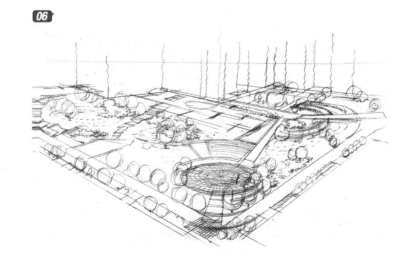

添加植物 鸟瞰图中的植物并不是严格根据平面图中的植物配置进行刻画的,而是根据构图的需要与平面图中的植物相结合来确定的。

07

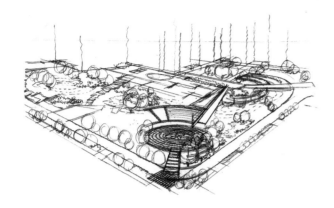

08

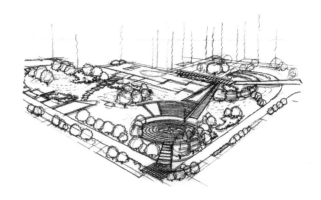

确定构筑物 在绘制铅笔线稿的基础上对构筑物进行线稿勾勒，预留出植物遮挡部分。鸟瞰图中表现构筑物高度的线条都要垂直，否则整个画面就会倾斜。

四周植物 四周的植物是在画面边缘的，也是最容易让人看不见的地方，因此它们的虚实变化一定要过渡得自然。而且鸟瞰图中植物的树干几乎是看不见的，刻画时可以根据情况虚化或者不画。

09

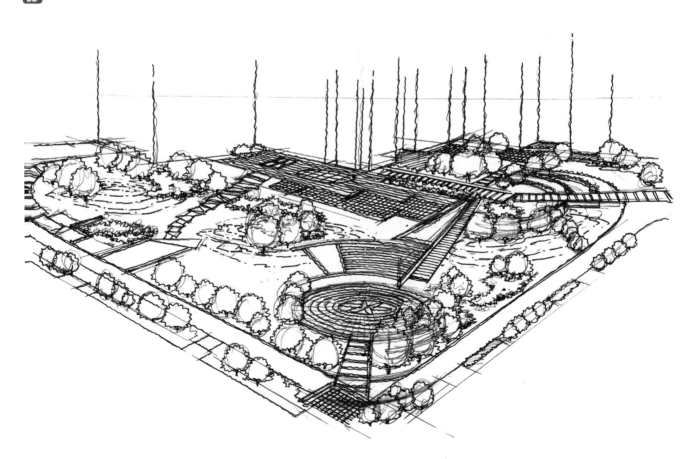

细分植物品种、刻画不同地面材质 大面积的草地用点的方式来表达，画面不会乱。水面的处理只能用构筑物的投影方式来体现。在环境中增加人物，会使画面生动且有活力。

2.1.4 不规则透视

不规则透视是由于不同透视、不规则的造型等因素造成的,也有人将这种透视叫作散点透视。其基本原则还是与一点透视和两点透视一致,保证近大远小、天大地小的原则。

范例｜用不规则透视法绘制局部景观

不规则透视是不可缺少的透视方法,它只是没有统一的灭点,不同的灭点在场景中变化,表现难度较大。下面,通过讲解典型实例,学习如何画不规则透视的景观效果图。

01

平面图分析 主要表现道路两边的景观环境,构筑物是表现的主体,根据画面的需要添加或者减少植物。

02

草图分析 场景中的隔断是本幅图中主要表现的区域,并且它又是在视觉中心,因此它的透视和比例尤为重要。另外,要处理好前面的水景与石头的衔接。

03

构筑物、地面结构 在画面中间的1/3处确定场景中的构筑物,确定构筑物的比例及透视。地面一定要小,注意不同材质的划分。

04

植物调整 在主体确定后对场景进行植物的添加,保证其前、中、远景都有不同层次、不同高度的植物,在品种上也要有区分。

05

细化灌木及场景 灌木和地被植物的高度较低，可以丰富画面，灌木的种类一定要多样。另外，人物会使场景更加生动。

06

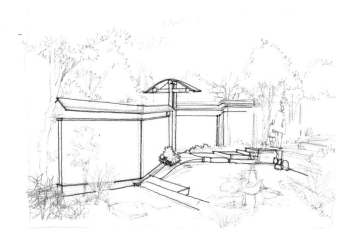

主结构线定位 在定好铅笔稿的基础上对主结构、构筑物进行勾勒。注意处理好透视关系及结构的转折。

07

灌木及构筑物与地面的衔接 在细化隔断的同时用植物来处理构筑物与地面的衔接，灌木的高低及品种一定要有变化。

08

细化前景植物及地形 本幅图中的隔断没有过多的造型,所以灌木的表现是重点,二者形成对比。踏步与水面交接的面作为暗部来说明两种材质的属性。

09

刻画乔木 地面及隔断是刻画的重点,那么乔木的刻画就不能过于详细,但是乔木的层次、高度要体现出来。

10

整体调整 在准确刻画场景形体、构筑物的情况下,对整体的明暗关系再进行调整,使画面更加和谐。局部的刻画要根据主次关系进行调整。

2.1.5 透视总结

透视是一幅作品成形的最重要的元素之一，它就像人的骨架一样。透视关系不正确会导致整个画面散掉，这也是很多初学者在临摹或写生过程中出现的问题，特别是有一部分初学者还将重点完全放在植物的画法或马克笔的上色上，这是错误的。

一幅作品首先要看线稿，然后再看上色。线稿主要看透视、比例和空间等，植物只是其次（植物的基本形态要准确，绕线要有变化）。其中透视是线稿的基础，要想透视的基础扎实，就需要大家长时间进行练习。

透视的5步骤

（1）对平面框架进行透视变化，在地面上找出相应的构筑物及道路的地面投影。（除鸟瞰图外，其他的透视地平线尽量在画面的1/3处。）

（2）对构筑物进行高度拉伸，如果有不同高度的道路也要进行处理。植物的高度以构筑物为参照。

（3）根据平面图的设计或构图的需要为画面搭配植物。（每个层次的植物要有两个或两个以上的品种，或者每个层次的植物在高度上要进行变化。）

（4）根据构图的需要为画面添加人物、云和动物，以丰富画面。

（5）对整个画面进行光影关系处理，表现空间进深感。

2.2 3种透视练习

景观透视的练习需要长时间的积累，每种透视必须达到8~10幅图才可以将理论的知识融合到实际的作品中去。同时在画的过程中要不断地分析、理解和总结，整体来说景观手绘最难的是植物的画法，透视不像室内手绘要求那么严格。

2.2.1 一点透视

01

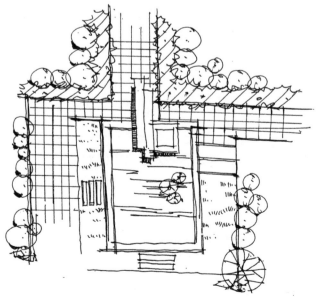

02

平面图分析 中间的实景是表现的主体，道路与植物的搭配使画面显得更加完整。

草图分析 该场景中构筑物较少，需要大量的植物、人物来填充空间。

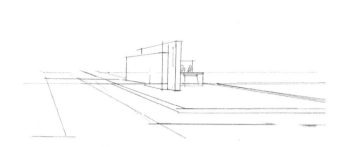

透视定位 根据一点透视对地面及构筑物进行定位,比例关系要整体统一。

植物初步定位 前景构筑物周围的植物要进行定位,植物的添加需要根据画面来确定。

环境添加 主要的植物确定好了之后,为了使场景与建筑统一,在环境的处理上也必须统一。另外,云和气球可以丰富天空,使场景更加自然、生动。

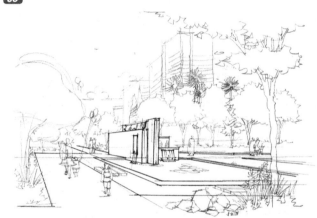

主结构、构筑物勾勒 地面与构筑物交接处的结构要准确。

人物、前景灌木刻画 前景的灌木要画得大一点,石头的刻画可以使前景更加丰富。

乔木勾勒 场景中所有的乔木形体及树干都要有变化,越是靠前的乔木越要画得详细。

09

整体调整 远景的植物尽量不要与中景的植物品种一样。建筑不能画得太详细，它只是起到构图及风格统一的作用。

2.2.2 两点透视

01

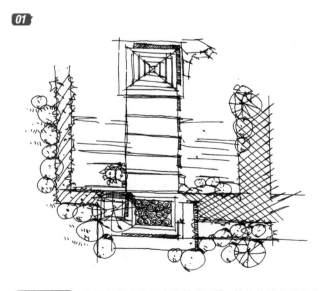

02

平面图分析 主要表现道路两边的景观环境，构筑物是表现的主体。注意，旁边的植物应根据画面的需要进行增减。

草图分析 先用简单、随意的线条表现出主体构筑物的结构，确定出画面大概的效果。

03

透视定位 两点透视的主透视线的斜度应尽量平缓，道路、构筑物要随透视进行定位、刻画。

04

场景植物定位 植物是根据平面图的配置进行定位的，同时软化构筑物的边缘线，使画面更加丰满，有细节。

05

环境添加 将主要植物确定后，为了使场景与建筑统一，在环境的处理上也要统一。

06

主结构、构筑物勾勒 地面与构筑物的交接处结构要准确。前景的凉亭透视关系较为复杂，在刻画时遵循透视原则则比较好把握。

07

人物、前景灌木刻画 前景的灌木要画得大一点，石头与灌木的组合可以使画面更加丰富、自然。

08

乔木勾勒 场景中所有的乔木形体及树干都要有变化，越是靠前的乔木越要画得详细。

09

整体调整 先勾勒出后面的建筑和左边的收边树，使整个画面完整起来。注意近处该调整的地方要进行调整，使画面统一。

2.2.3 不规则透视

01

平面图分析 景观和建筑是围绕着不规则水系构建的，植物布局疏密关系巧妙。

02

草图分析 不规则的地面需要用植物或石头等物体来协调。

03

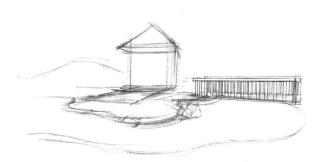

透视定位 弧形地形在透视处理上最容易出现错误，勾勒时保证扁平即可。

04

场景植物定位 植物是根据平面图的配置进行定位的，同时软化构筑物边缘线，使画面更加丰满、有细节。

05

环境调整 根据画面的需要对天空进行处理。

06

主结构、构筑物勾勒 地面与构筑物的交接处结构要准确。中景的凉亭和桥要与地面自然衔接。

07

人物、植物刻画 靠近凉亭的植物搭配要高低错落，同时要与凉亭有遮挡关系，不能直白地将凉亭摆在场景中。

08

乔木勾勒 场景中所有的乔木形体及树干都要有变化，越是靠前的乔木越要画得详细。

整体调整 鸟类、云的添加丰富了天空，同时也拉开了空间感。另外，要加强画面黑白灰关系的处理。

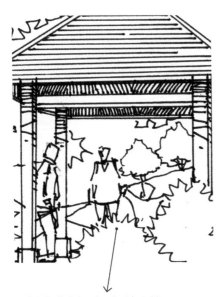

凉亭是视觉的中心点，也要仔细刻画。

在表现水体的时候，一定要选用柔美一点的线条进行描绘。

在表现木桥的时候，一定要在准确的透视关系上表现出细节来。

第 **3** 章

景观配景线稿

3.1 植物

在景观效果图中，植物配景起到了关键性的作用。植物一般在建筑画中分为乔木、灌木、地被和花草，在画面上体现为收边植物（前景植物）、中景植物和远景植物。不同类型的植物可以拉开空间的层次，同时每个层次尽量用两种或两种以上的植物，这样会使画面的整体层次更加丰富。景观效果图中的植物要画得详细一些，品种也要丰富一些。植物画法中的难点是植物的绕线要有变化，形体把握要准，树干分支要自然等。

3.1.1 乔木

1. 乔木的基本形体

有独立直立主干的木本植物称为乔木，其树干和树冠有明显区别。

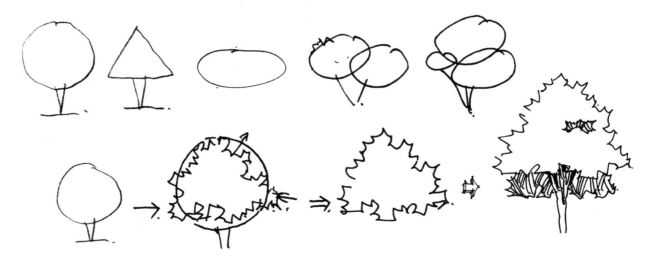

2. 画法中的常见错误

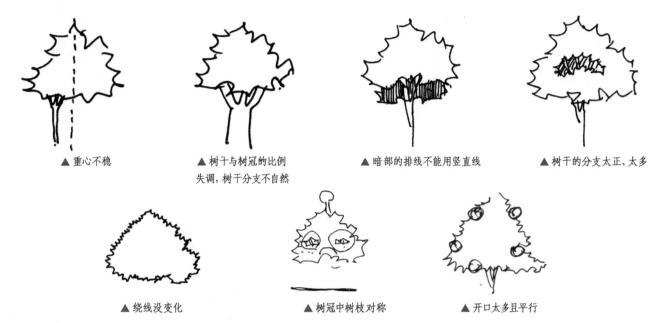

▲ 重心不稳　　　　　▲ 树干与树冠的比例　　　　▲ 暗部的排线不能用竖直线　　　▲ 树干的分支太正、太多
　　　　　　　　　　失调，树干分支不自然

▲ 绕线没变化　　　　　　　▲ 树冠中树枝对称　　　　　▲ 开口太多且平行

3. 树干的画法

　　树干是表现植物细节的部分，应与树冠有机地结合在一起。刻画时运笔应有适当停顿，树枝从下往上慢慢变细，树干与树冠接触的地方应有投影，同时在排线时要体现树干的结构。

　　树干画法中常出现的错误如下。　　以下是几种树干的基本画法，供读者参考。

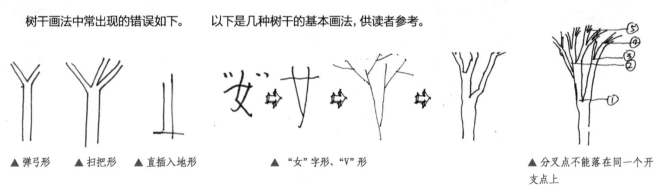

▲ 弹弓形　　▲ 扫把形　　▲ 直插入地形　　　▲ "女"字形、"V"形　　　　　　▲ 分叉点不能落在同一个开
　　　　　　　　　　　　　　　　　　　　　　　　　　　　　　　　　　　　支点上

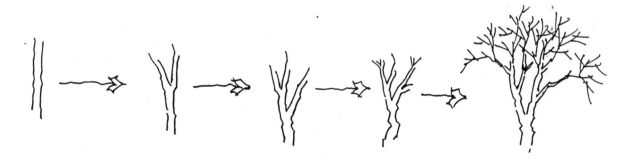

刻画树干的注意事项
　　① 运笔时要适当顿笔。　　　　　　　　　　② 树枝从下至上慢慢变细。
　　③ 树枝阴影的面积不能相等，不能超过整体的1/3。　　④ 用重色加深。

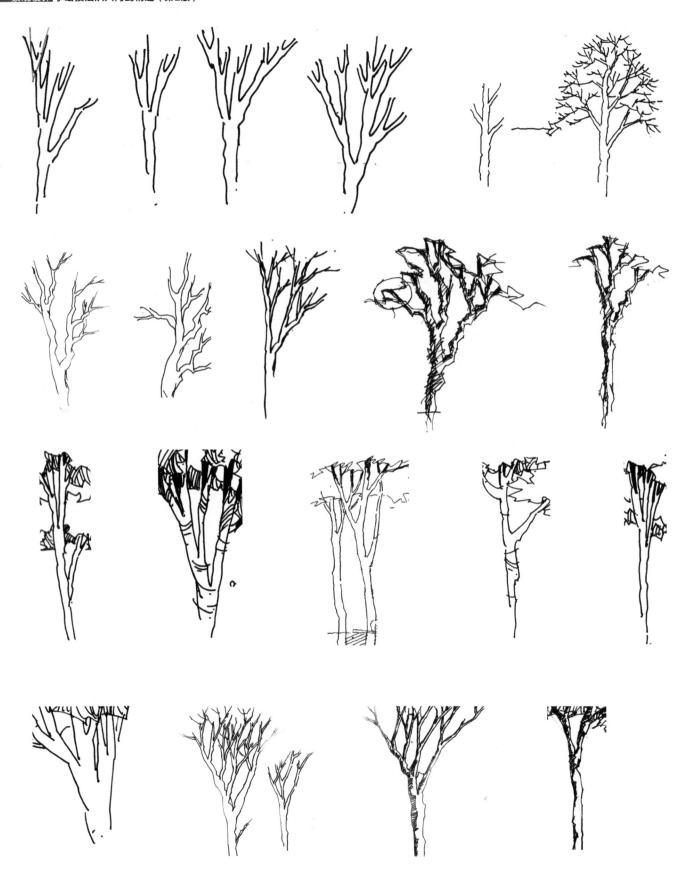

乔木的好坏将直接影响画面的效果,难点在于树形、树干的表现。乔木常用在画面的前景和中景。

▲ 根据树干的生长趋势画出树的主干,分支是长在树干上的,而非插在树干上

▲ 树枝之间存在交错、遮挡和穿插等关系

▲ 对树枝的疏密度进行刻画

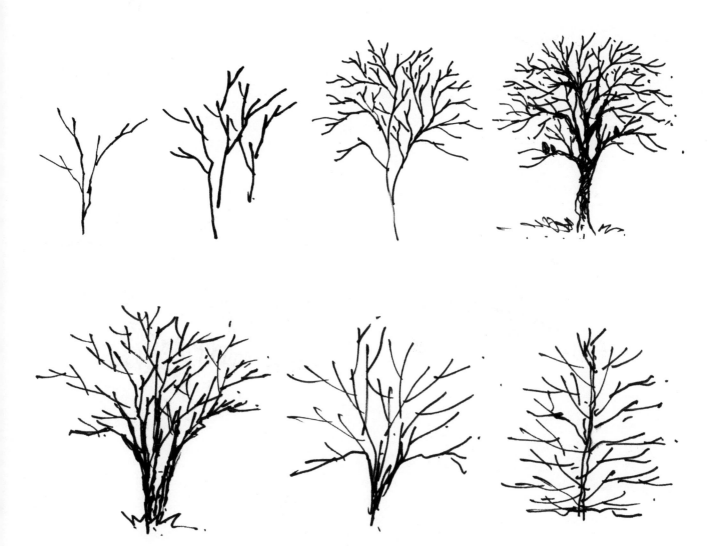

4. 树冠的画法

画树冠时，最主要的是形体要准确，与树干的比例要合适。在基本形准确的情况下，应确保植物的绕线有变化。

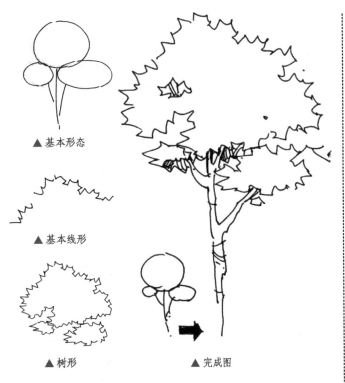

▲ 基本形态

▲ 基本线形

▲ 树形　　　　　▲ 完成图

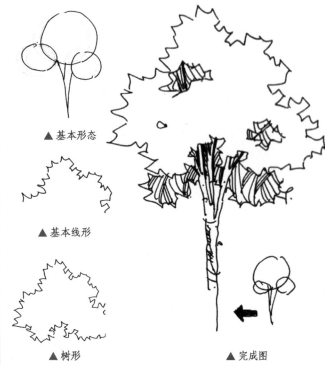

▲ 基本形态

▲ 基本线形

▲ 树形　　　　　▲ 完成图

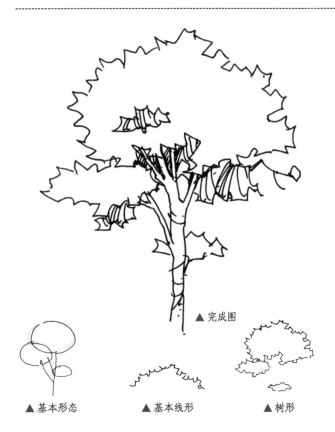

▲ 完成图

▲ 基本形态　　　　▲ 基本线形　　　　▲ 树形

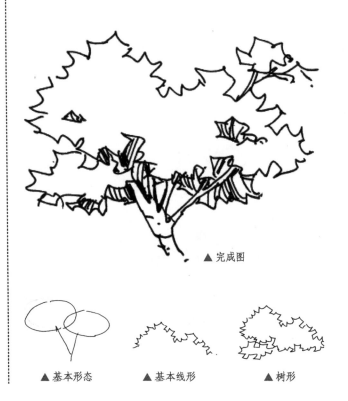

▲ 完成图

▲ 基本形态　　　　▲ 基本线形　　　　▲ 树形

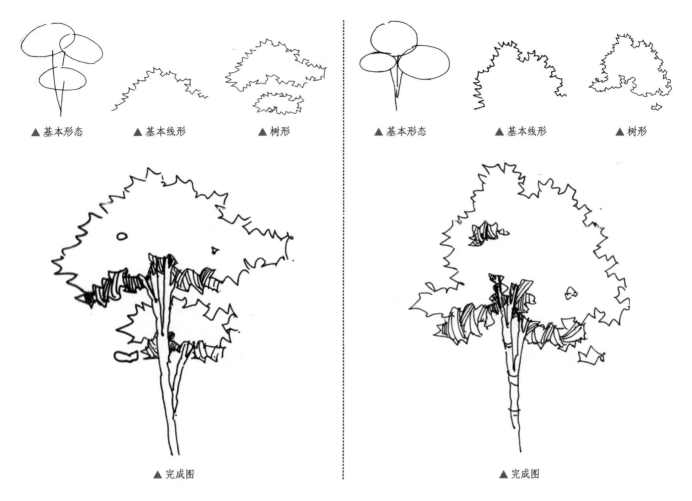

▲ 基本形态　　　▲ 基本线形　　　▲ 树形　　　　　▲ 基本形态　　　▲ 基本线形　　　▲ 树形

▲ 完成图　　　　　　　　　　　　　　　　　　　　▲ 完成图

3.1.2 收边乔木

　　收边植物就是前景植物，在画面中起到框景的作用，同时也是为了使场景的表现多一个层次。这里所说的收边植物以乔木为例，收边植物的树冠要画得自然而且有变化，不能过度刻画树干，否则会影响景观主体的表现。树干与地面相接触的位置，应用灌木、地被植物和石头等配景结合来处理。收边植物一般用在横向构图中。

提示

① 树形要自然、优美、舒展。

② 树干要有变化，不应过于直硬。

对于植物单体的画法，从分析结构到提取外形特征是进行手绘表现的过程。

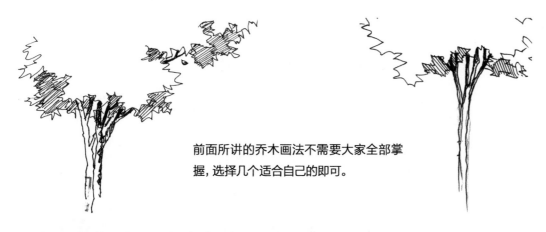

前面所讲的乔木画法不需要大家全部掌握，选择几个适合自己的即可。

范例 | 3 种收边乔木

范例 1

01 先用铅笔淡淡地勾画出树的外形。

02 接着选用勾线笔准确地勾画出乔木的细节和暗面。

03 继续调整暗面，注意线条不要排得太密集。

范例 2

01 形体轮廓定形，细化植物的绕线。

02 前景植物是画面中最靠前的，因此绕线要求较高。

03 暗部排线面积不宜过多，树干的暗部是最重的部分。

范例 3

01 画出乔木的大概形体，再画出冠部。

02 在铅笔线稿的基础上，用勾线笔勾画出整体的外形。

03 画出收边乔木的暗面，注意树干的颜色比叶子重一点。

3.1.3 中景乔木

中景植物是比较靠前的，所以我们要刻画出细节部分，使画面中植物的层次更加明确。

范例 | 3 种中景乔木

范例 1

01 先用简单的线条画出树的大概形状。

02 接着用勾线笔勾画出树冠的外形细节。

03 再勾画出树干的外形，然后表现出树干上面的阴影部分。

04 最后加重暗面的色调，突出树的体积感。

范例 2

01 画出一个蘑菇形的树。

02 然后在此基础上勾画树冠的整体外形。

03 画出树干，注意树枝分岔的地方要仔细表现。

04 接着深入表现树干和树冠的阴影细节。

范例 3

01 确定树冠的形体，树干要与树冠的比例关系相对应。

02 树冠的绕线要进行变化。

03 树干的分支要自然且角度不能大。

04 对树冠的暗部进行排线处理，树干的暗部不宜过多。

3.1.4 远景乔木

因为是在画面中最远的植物,所以只需要将乔木的轮廓表达清楚即可。不能画得过于详细,否则会影响画面中前面植物的表现。

范例 | 3 种远景乔木

范例 1

01 先用铅笔确定出树的大致形状。　　**02** 勾画树冠的外形,注意线条的运用。　　**03** 最后画出树的小分支,使树看起来比较细致。

范例 2

01 画出乔木的外形轮廓。　　**02** 接着描绘树冠的整体外形。　　**03** 先画出树的小分支,然后再添加出树干的暗面。

范例 3

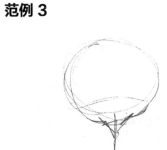

01 确定树冠形体。　　**02** 对树冠的绕线进行描绘。干枝植物用树枝分开且不能超过树冠轮廓。　　**03** 树枝自然分支。

3.1.5 乔木的组合画法

乔木的组合其实是将所学的植物单体以组合的形式表现出来。我们在学习手绘时需要回顾前面所学的知识，将前后学习的内容结合练习，这样进步会非常快。

下面，开始进行一些初级练习，对前面内容中的植物单体进行有机组合。组合是有层次感的，如底层由草本、地被构成，中层由灌木球或小乔木构成，上层由棕榈等大乔木或其他植物构成。

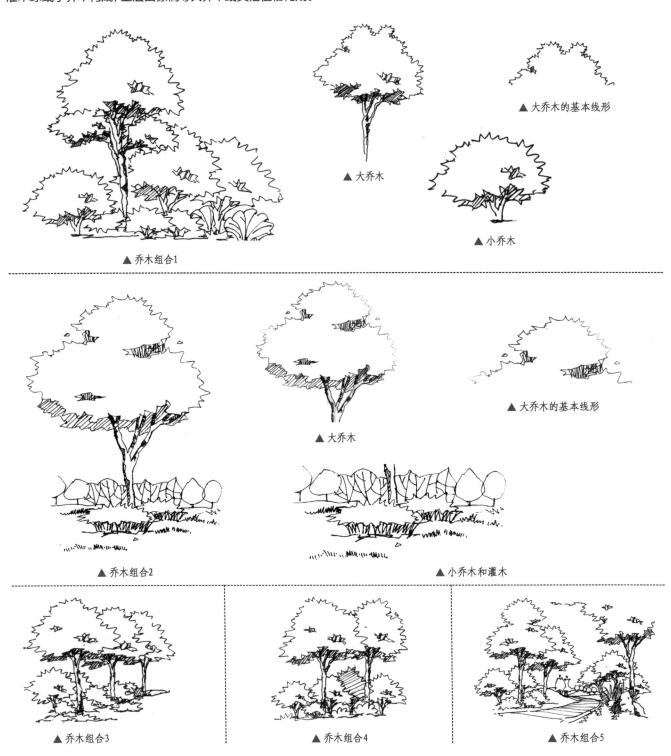

▲ 大乔木的基本线形

▲ 大乔木

▲ 小乔木

▲ 乔木组合1

▲ 大乔木的基本线形

▲ 大乔木

▲ 乔木组合2

▲ 小乔木和灌木

▲ 乔木组合3

▲ 乔木组合4

▲ 乔木组合5

▲ 基本形态　　　▲ 基本线形

▲ 树形

▲ 乔木组合6

▲ 基本形态　　　▲ 基本线形　　　▲ 树形

▲ 乔木组合7

▲ 基本形态

▲ 基本线形

▲ 乔木组合8

▲ 树形

范例 | 3种乔木组合

范例 1

01 根据透视关系确定植物的形体。

02 细化植物轮廓及形体的变化。

03 刻画场景中所有的植物。

范例 2

04 对所有植物进行暗部刻画，并对远处的植物品种进行变化。

01 先用简单的形体勾画出所有树的外形。

02 继续描绘树冠的外形。

范例 3

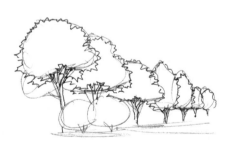

03 勾画树冠和树干的外形细节。

04 最后刻画树木整体的暗面。注意该刻画的地方一定要表现到位。

01 整体塑造出树木组合的外形。

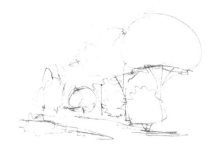

02 在草稿的基础上，继续塑造树的形体。

03 细致表现树冠和树干的外形，注意形体刻画要准确。

04 深入刻画树的暗部细节，使树木更具有体积感。

3.1.6 灌木

灌木在效果图的表现中是必不可少的，经常和乔木、石头等配合使用。灌木的刻画要求较细，应从体块、高度和详细程度上与其他植物形成鲜明的对比。

"几"字形绕线

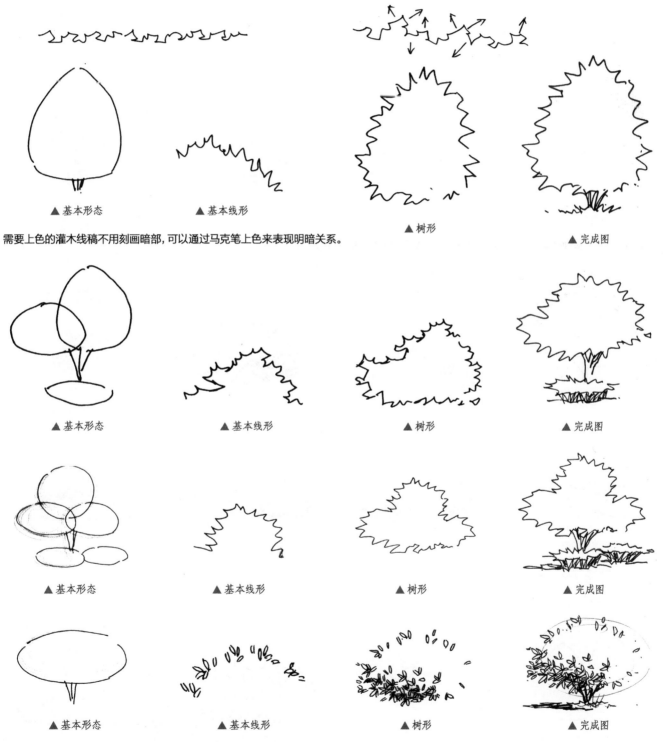

▲ 基本形态　　　　▲ 基本线形　　　　▲ 树形　　　　▲ 完成图

需要上色的灌木线稿不用刻画暗部，可以通过马克笔上色来表现明暗关系。

▲ 基本形态　　　　▲ 基本线形　　　　▲ 树形　　　　▲ 完成图

▲ 基本形态　　　　▲ 基本线形　　　　▲ 树形　　　　▲ 完成图

▲ 基本形态　　　　▲ 基本线形　　　　▲ 树形　　　　▲ 完成图

灌木的树干比较短，一般用地被植物收底或者使灌木直接与地面接触。

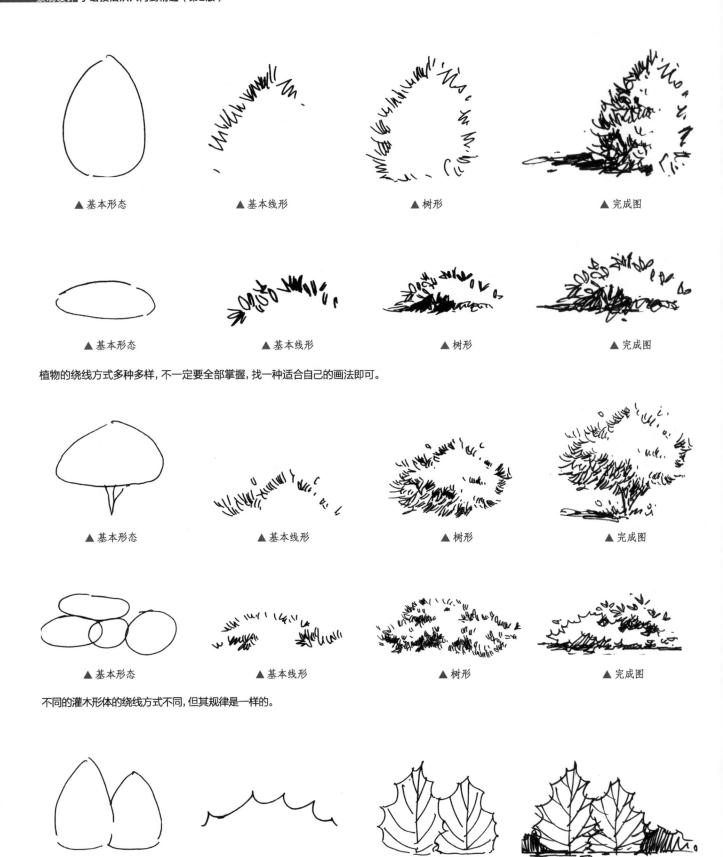

▲ 基本形态　　　　　▲ 基本线形　　　　　▲ 树形　　　　　▲ 完成图

▲ 基本形态　　　　　▲ 基本线形　　　　　▲ 树形　　　　　▲ 完成图

植物的绕线方式多种多样，不一定要全部掌握，找一种适合自己的画法即可。

▲ 基本形态　　　　　▲ 基本线形　　　　　▲ 树形　　　　　▲ 完成图

▲ 基本形态　　　　　▲ 基本线形　　　　　▲ 树形　　　　　▲ 完成图

不同的灌木形体的绕线方式不同，但其规律是一样的。

▲ 基本形态　　　　　▲ 基本线形　　　　　▲ 树形　　　　　▲ 完成图

3.1.7 中前景灌木

范例 | 3 种中前景灌木

范例 1

01 用线条画出灌木的大概形状。

02 再仔细勾画外形的细节。

03 擦掉铅笔线稿，塑造出完整的灌木线稿外形。

04 最后画出灌木的暗面。

范例 2

01 先简单地画出一个蘑菇造型。

02 在草图的基础上勾画外形。

03 擦除草图线条，仔细调整线稿。

04 塑造灌木的暗面细节。

范例 3

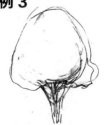

01 先画出树冠的大致形体。

02 植物绕线要有变化。

03 树干分支的角度不能大，相互要有穿插。

04 刻画树冠和树干的暗部。

3.1.8 远景灌木

远景的灌木经常用来限定前面的植物，使前面的植物凸显出来，同时使灌木也有了层次。

范例 | 4 种远景灌木

范例 1

01 先简单地画一个椭圆形，枝干用简单的线条表现。

02 再用有变化的"w"形线条勾勒出树冠的外形。

03 擦掉多余的线条，画出灌木的暗面。

范例 2

01 概括出大小灌木的外形。

02 继续塑造大小灌木的细节。

03 最后画出暗部。

范例 3

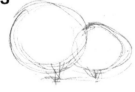

01 画出前后灌木的大小比例关系。

02 接着画出上面叶子部分的外形轮廓。

03 擦掉草图，然后再画出灌木暗部的细节。

范例 4

01 先画出灌木的大概轮廓。

02 准确地勾勒出外形。

03 树冠的暗部不需要明暗关系。

3.1.9 灌木的组合画法

范例 | 4种灌木组合

范例1

01 先画出两个灌木的大致轮廓。

02 然后准确地勾勒出外形。

03 添加灌木的层次线。

04 最后画出枝干和地被。

范例2

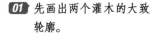

01 画出一个不闭合的椭圆形。

02 仔细勾勒出基本外形线。

03 添加枝干线条。

04 画出分支线条。

范例3

01 先画一个长方体。

02 再画最前面的植物叶子，注意线条的交叉感。

03 继续将绿被的外形画出来。

04 叶子的疏密度要把握好。

范例4

  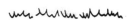    

01 画一个长方体。

02 再勾勒出基本外形线。

03 继续勾勒出外形。

04 最后画出暗面和投影部分。

3.1.10 花草

下面，我们来学习花草的绘画方法。

1. 前景花草

如何在一幅图中把握前景、中景和远景花草的细化程度，这需要在画的过程中慢慢地揣摩，重要的是要把握好"近景花草细化，远景花草概括"的原则。

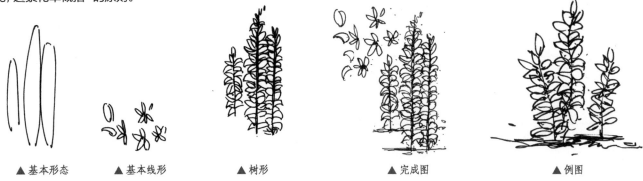

▲ 基本形态　　　　▲ 基本线形　　　　▲ 树形　　　　▲ 完成图　　　　▲ 例图

荷花与荷叶　荷叶需要与水面相结合，而且要画出不同生长趋势的荷叶，同时荷花在画面中是比较高的。

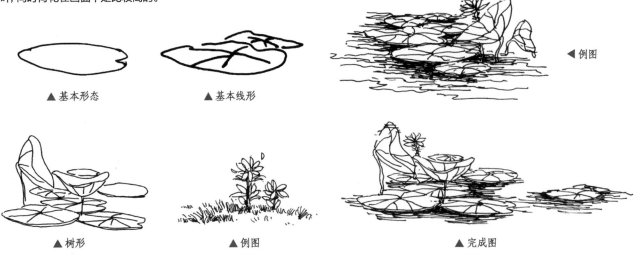

▲ 基本形态　　　　▲ 基本线形　　　　◀ 例图

▲ 树形　　　　▲ 例图　　　　▲ 完成图

草　因为草生长得比较密，而且每个叶片都处在不同的生长期，因此在刻画时要多表现几种状态下的叶片。

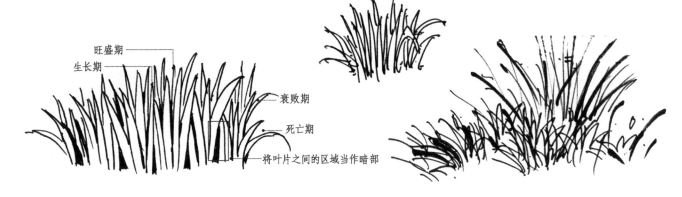

旺盛期
生长期
衰败期
死亡期
将叶片之间的区域当作暗部

2. 中前景花草

范例 | 3 种中前景花草

范例 1

01 先画出花草的大致轮廓。　　**02** 然后准确地勾勒出外形。　　**03** 添加花草的层次线。

范例 2

01 对于叶片较多的植物,叶片的大小、朝向要有变化。　　**02** 在基本轮廓的基础上勾勒出花草的外形。　　**03** 增添花草的厚度及暗部。

范例 3

01 确定莲花的基本形态,一定要自然。　　**02** 形体确定好后勾勒出植物的纹路。　　**03** 莲花生长在水面上,在与水面接触的区域通过疏密来体现两者的关系。

3.1.11 地被

地被植物在手绘表现中经常用到,它常用于较为空旷的地面和前景收边。画这种植物时越靠近物体的地方排线越密。

 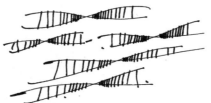 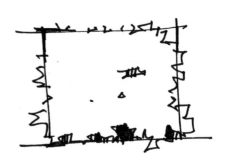

3.1.12 植物的综合练习

画成片的植物时，要注意层次与背景的关系。体形大小不一样的植物，绕线的方式也有一定的区别。

在绘画时应尽可能地抓住植物的生长形态, 刻画上要详细、逼真。因为各种植物的姿态不同, 并且同种植物的生长阶段也不相同, 所以不要使所画植物的形态出现过于接近、过于平均的状况。

利用植物的不同形态特征, 运用高低、姿态等对比和衬托的画法, 刻画出景观的起伏和韵律。

疏密变化得当，才能更加自然。

树的形体不像一座建筑物那样具体、明确，初学者在刻画不同品种、形态各异的树时往往感到困难重重，但只要细心地观察、研究，认识树的结构形体的变化和特点，再加上不断练习，就可以掌握树的表现规律。

3.2 人物

人物是衡量空间大小的标尺,在景观场景中必不可少。在透视图中刻画人物,要考虑透视关系的变化,近处的人要画得大一些、详细一些,对比要强烈一些;远处的人要画得小一些、概括一些,其大小要合乎比例关系,否则会影响画面及建筑的尺度。

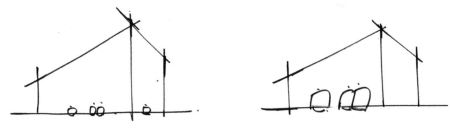

从上面的两幅图中就可以看出人物刻画直接影响了建筑的体量感。

3.2.1 头、上身、下身的比例

人物的头、上身、下身的比例为1:4:4,画远处的人物时我们经常会将人物的头理解成一个点,如果将头画得过于详细,就会造成画面的混乱。因此我们在刻画效果图中的人物时,其上身与下身的比例为1:1,头忽略不计,用点表示。

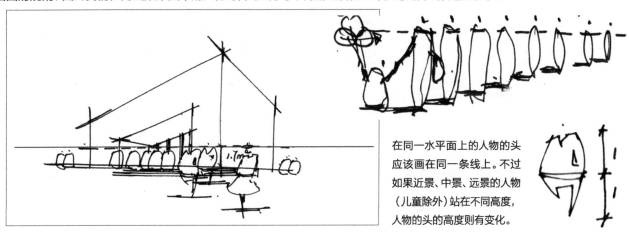

在同一水平面上的人物的头应该画在同一条线上。不过如果近景、中景、远景的人物(儿童除外)站在不同高度,人物的头的高度则有变化。

3.2.2 近景、中景和远景中人的不同表现

3.2.2.1 远景人物的常见表现方法

在绘画时没有必要将人物的年龄阶段分得太细致,毕竟这些不是刻画的主体。

▲ 提东西的人物

▲ 拿书的人物

▲ 并排走的人物

▲ 小孩

▲ 学生

 提示

不管是男士还是女士,在理解上就是由3个不同的体块构成的单体。人物的头一般以点来表示,下半身的两条腿应往里收,而且脚不能同时在地面上,否则就缺少了动感。

范例 | 10 种远景人物

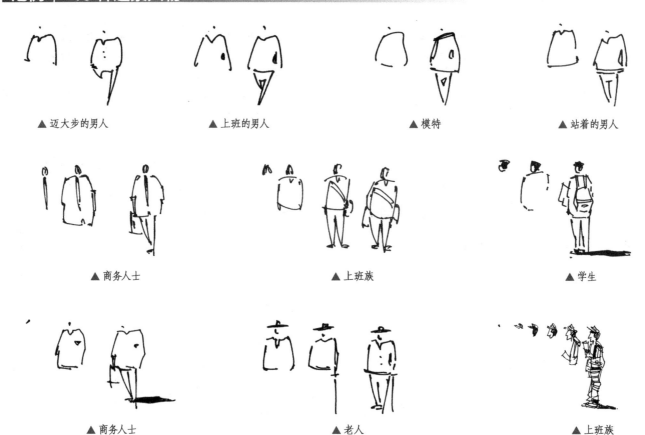

▲ 迈大步的男人　　　　　▲ 上班的男人　　　　　▲ 模特　　　　　▲ 站着的男人

▲ 商务人士　　　　　▲ 上班族　　　　　▲ 学生

▲ 商务人士　　　　　▲ 老人　　　　　▲ 上班族

3.2.2.2　中景人物的常见表现方法

中景人物在画法上比远景人物详细一些，要有变化。

▲ 单个中景人物　　　　　　　　　▲ 组合中景人物

▲ 组合中景人物

儿童一般比较活泼可爱, 在刻画时要有运动感, 手上可以拿着气球。

▲ 三人组合

▲ 组合人物

▲ 单个人物

人物的刻画多种多样, 选择适合自己的画风即可, 并能体现空间尺寸的作用。

范例 | 11 种中景人物

▲ 上班族

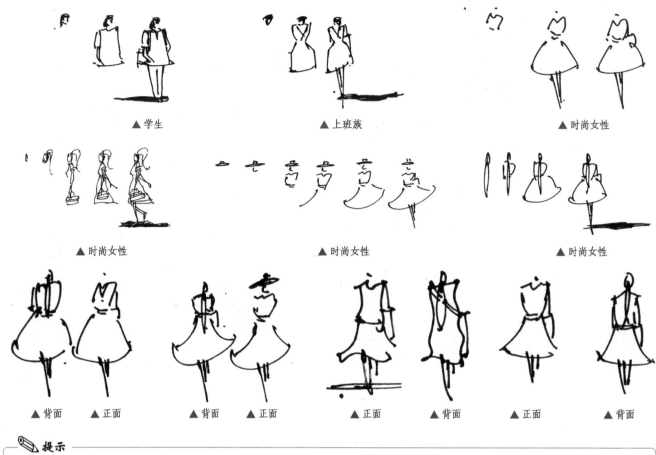

▲学生　　　　　　　　　　　▲上班族　　　　　　　　　　　▲时尚女性

▲时尚女性　　　　　　　　　▲时尚女性　　　　　　　　　　▲时尚女性

▲背面　▲正面　　　▲背面　▲正面　　　▲正面　▲背面　　　▲正面　▲背面

✎ 提示

　　女士的裙子要画得自然一些。由于腿部被裙子遮挡住了一部分，所以腿要画得稍短。

3.2.2.3　近景人物的常见表现方法

　　近景人物的画法较难，在比例和刻画的详细程度上的要求较高。

手绘中的人物可以使画面有活力、生机，如果没有人物，画面场景就会显得不真实，因此在画面中需要有人物来陪衬，以加强生活的气息，使画面看上去更为亲切。

范例 | 7种近景人物

▲ 推儿童车的母亲　　　　▲ 学生　　　　▲ 情侣

▲ 夫妻　　　　▲ 街上的行人

▲ 问路的人　　　　▲ 逛街的人

3.3 汽车

车是场景中的配景元素之一，其刻画难度大、不好掌握，一般在场景中很少用到，或者只是画出它的局部。在一些特定的场景中，为了交代建筑与场地的关系，还是要刻画汽车的。

3.3.1 车身和车高的比例（平面图、立面图、后视图的表现）

汽车平面图

▲ 车的长宽比例为2:1

汽车立面图

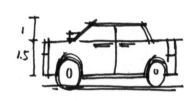

▲ 车身下沿到玻璃下沿与玻璃下沿到车顶的比例为1.5:1

汽车后视图

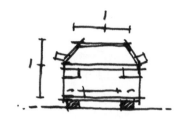

▲ 车的宽高比例接近于1:1

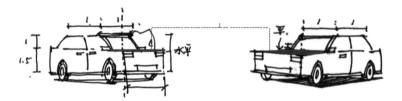

前视的车

后视的车

车和人搭配

不同轿车的临摹

▲ 各种汽车的画法

3.3.2 步骤图分析

范例1 | 厢式货车

在画工业区场景时会用到厢式货车,其实就是将一个长方形体块进行一些细节处理。

01 确定车的比例,在转折处体现车的特征。

02 确定车头的结构比例。

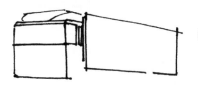

03 添加汽车的厢体,随着整体透视进行绘制。

04 确定车轮胎的位置。

05 最后进行整体调整并加强暗部。

范例2 | 大巴车

01 确定车头。

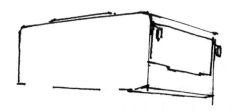

02 确定车的整体比例,在转折处体现车的特征。

03 对车的车窗、车门进行刻画。

04 确定车的轮胎,注意轮胎的厚度。

范例3 ｜ 吉普车

吉普车的比例与轿车有一定的差别，在刻画时应先了解车的长、宽、高的尺寸，做到心中有数。

01 确定车头。　**02** 确定车头的结构比例。　**03** 对车的车窗、车门进行刻画。　**04** 确定车的轮胎。

范例4 ｜ 三厢轿车

01 确定方向。

02 刻画车身。

03 刻画轮胎。

汽车后立面图

01 确定车身结构。　**02** 勾勒轮胎。　**03** 细节刻画。

汽车侧立面图

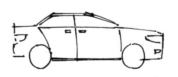

01 确定车型。　**02** 勾勒总体结构。　**03** 细节刻画。

范例5 ｜ 敞篷轿车

敞篷轿车的比例关系与普通轿车差不多，就是没有车顶，比普通轿车更容易绘制。

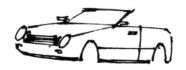

01 确定车头。　**02** 确定车头的结构比例。　**03** 对车的前挡风玻璃、车门进行刻画。　**04** 确定车的轮胎。

范例6 | 轿车

轿车是绘制效果图中常用的一种车型，它没有场地的限制。画轿车时容易出错的地方在车顶、发动机盖、轮胎等部位。

01 车顶线就是一条直线。两条挡风玻璃线中远一点的那一条倾斜角度更大。

02 车身线就是一条直线。

03 车前角交点在车顶交点的附近。

04 画车身前部，注意车窗的高度应低于车身。

05 确定车的长度。

06 确定车轮胎的位置。

07 车轮胎的位置是在车前玻璃外框的延伸线上，车尾要比车头高。

08 最后刻画地面投影。

3.3.3 汽车综合练习

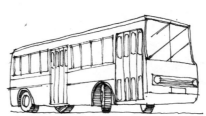

3.4　石头

　　石头的运用在中国古典园林中很常见，在现代景观设计中也十分重要。石头的手绘表现根据其不同的景观运用有不同的画法，作为孤赏的石头，体积较周边环境更抢眼，也相对比较大；组合运用的石头，体积有大小之差。

石头放在水边要考虑其投影，投影区域不能多于石头大小的面积。

石头一般放在草地或水边，因此应考虑石头与地面、水面的明暗关系。

根据不同石块的特点，先将石头整体外形用线条表现出来，对线条划分出的面进行排线深化。抖线可以表现出石头的沧桑感，圆滑的线条可以表现出石头的圆润感，硬朗的线条则可以表现出石头的尖锐质感。

3.4.1 石头范例分析

范例1 | 单体石头

绘制单体石头主要是抓住外形特点和纹理风格。在景观效果图中的画法较为简单，主要表现出石头的轮廓，来作为配景，而在户外写生时则可以画得较为细致。

板石或方石 以方体为基本型，适当有些变化。暗部的排线也要有变化。

01 先画一个长方体。　　**02** 准确地勾勒出方石的外形。　　**03** 添加细节并画出暗部和投影。

偏圆石 形体不是那么方正，人为地使体块有一定的切割感，基本形态会比较自然。

01 先画出石头的大致轮廓。　　**02** 再画出石头不规则的外形。　　**03** 最后添加暗部和投影。

范例2 | 组合石头

两块或两块以上的石头 体块之间会因光照而产生投影。

01 画出两个高低不同的长方体，注意前后的关系。　　**02** 然后准确地描绘出不同的方石外形。　　**03** 画出石头的细节，再画出暗面、投影和花草。

组合偏圆石 暗部的位置应尽量与前一个体块的亮部相交，拉开空间层次，同时添加一些植物，使石头和环境很好地融合在一起。

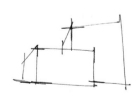 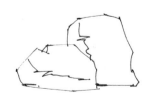 

01 概括出两块石头的外形。　　**02** 勾画出详细的外形。　　**03** 最后画出石头的暗部和旁边的草地。

方石与偏圆石结合 这种石头的线条比较硬朗，适合表现一些棱角分明的石头。

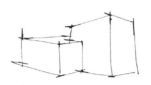 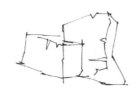 

01 画出高低不同的两个长方体。　　　**02** 勾画石头的外形和细节。　　　**03** 画出暗部和投影。

3.4.2 石头综合练习

　　自然界的石头由于受到风沙或雨水的风化侵蚀，并且自身的成分不同，表面纹理及棱角较多，形态也各不相同。在画这类石头的时候要注意线条的顿挫转折，还有对石头整体外形的把握。

给所画的石头增加纹理，将石头的面分割成若干部分，并排密线处理。分割面时所用的线条要有转折，分为裂纹和块纹。

3.5 水体

　　水景是提升感观吸引力的最佳景观元素之一。场地因水而活，空间因水而灵动。同时水景还有基底、系带和焦点等作用，基底的作用是衬托驳岸和水中景观，利用倒影扩大和丰富空间；系带的作用是联结景观，做到整体统一；焦点的作用是吸引观者的注意力。

3.5.1 静态水体的画法

在设计中经常用到静止的水景,如水池和湖水等,需要注意的是倒影的表现及水纹线的画法。

3.5.1.1 错误的静态水体

▲ 波浪线弧度太大

▲ 钓鱼线

▲ 循环线

3.5.1.2 正确的静态水体

▲ 小波浪线条长短有变化

▲ 波纹线纹路之间的距离要近

▲ 带弧形波纹线

▲ 水面与物体交接的地方,排线要密

▲ 在画波纹线的同时要考虑投影

范例 | 3种静态水体范例

范例1

01 用简单的线条描绘出石头和水的样子。

02 添加石头的纹理。

03 画出石头的暗面。

范例2

01 简单的画出荷叶和水。

02 添加荷叶的纹理。

03 画出水体复杂的纹理。

范例3

01 画出石头重叠的造型。

02 画出水的纹理。

03 画出石头和水的暗面。

3.5.2 动态水体的画法

动态水在景观设计中经常出现的是跌水、人工瀑布、喷泉和涌泉。在表现时要注意流水线的画法及水流衔接处的涟漪和水花的画法。

3.5.2.1 跌水

跌水表现了水的坠落之美，可以使水变得更加的灵动。

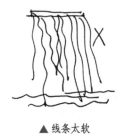   

▲ 线条太软 　　　　　　　　　　　▲ 通过水花、水浪的表现体现出水流的大小

3.5.2.2 涌泉

涌泉可以使平静的水面富有变化。

▲ 错误的画法

下面是一些常用水景的画法。

◀ 场景中跌水的运用

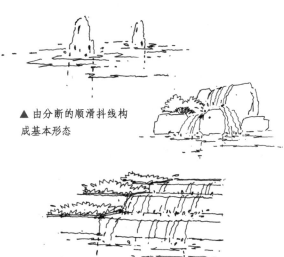

▲ 由分断的顺滑抖线构成基本形态

▲ 水柱表现出涌泉的跳动感

范例│3种动态水范例

范例 1

01 随意地勾画出喷泉的外形。　　　**02** 在草图的基础上用流畅的线条重新塑　　　**03** 添加喷泉溅出的水花。
　　　　　　　　　　　　　　　　　　　　　造喷泉的造型。

范例 2

01 简单地勾画出石头的大概外形。　　**02** 在草图的基础上用流畅的线条重新塑　　**03** 添加水花。
　　　　　　　　　　　　　　　　　　　　造跌水的造型。

范例 3

01 勾画出水柱喷水的造型。　　　　**02** 添加水波的纹理。　　　　　　　**03** 用流畅的线条调整涌泉和旁边的
　　　　　　　　　　　　　　　　　　　　　　　　　　　　　　　　　　　　水波。

3.5.3　水体的综合练习

　　无水不成景，水在景观中具有重要的作用。我们经常会在设计中加入水的元素，因此如何表现水也是学习景观手绘的一个重点。水是一个反射面，任何物体都会因为它而产生倒影，它会因为重力的作用由高处往低处流，人工操作也可以使其从低处喷涌至高处，水的形态的多样性也决定了我们表现它的方法。

3.6 材质表现

　　材质表现在线稿画面中是区分体块间关系的媒介，不同的材质在线条上的表达各不相同，对材质的明暗关系处理要有虚实变化。材质的搭配应根据实际情况来定，在画面的处理中可以根据需要进行调整。

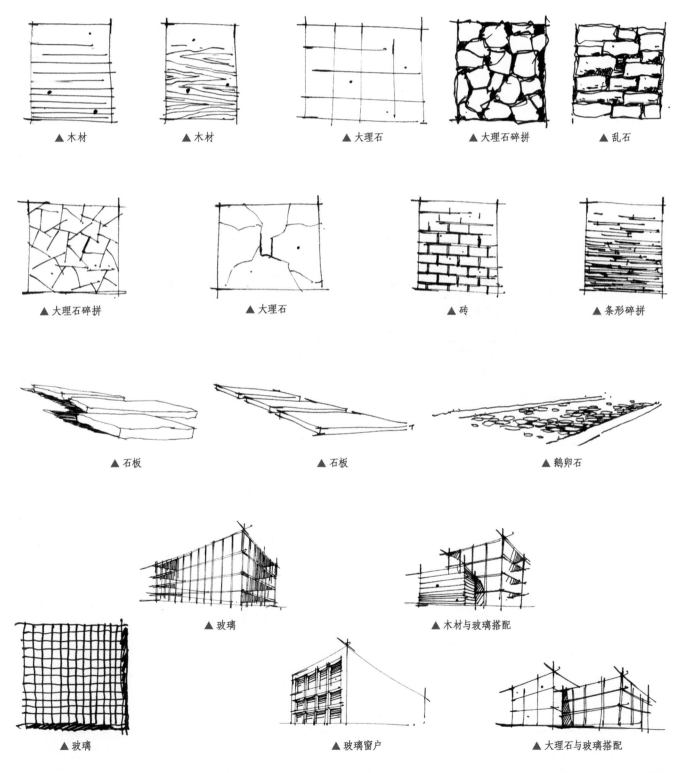

▲ 木材　　　　　　▲ 木材　　　　　　▲ 大理石　　　　　　▲ 大理石碎拼　　　　　　▲ 乱石

▲ 大理石碎拼　　　　　　▲ 大理石　　　　　　▲ 砖　　　　　　▲ 条形碎拼

▲ 石板　　　　　　▲ 石板　　　　　　▲ 鹅卵石

▲ 玻璃　　　　　　▲ 木材与玻璃搭配

▲ 玻璃　　　　　　▲ 玻璃窗户　　　　　　▲ 大理石与玻璃搭配

第 4 章

Chapter 4

线稿的实景照片写生

4.1 传统民居写生

4.1.1 徽派民居1

01

照片分析 主要表现道路两边的建筑环境,古建筑是表现的主体。图中的植物应根据画面的需要进行添加或减少。

02

草图分析 绘制草图是在绘制正式图前,快速地绘制画面,这样可以为效果图做好前期分析和准备。草图不要绘制得太细,主要把握好画面的构图与透视。

03

铅笔定形 先用铅笔快速将所要绘制的古建筑的构图、位置、大小与建筑的透视确定下来。切记构图要合理,透视要准确。

04

勾画环境 在构图与透视确定后,可以将建筑周边的环境进行简单的勾画,但不要过细。

05

06

线稿勾勒 在草图完成后，换用墨线笔开始绘制建筑的轮廓线与结构线。

勾画场景建筑 用墨线笔将场景中的主体建筑勾画准确。同时，将配景也勾画出来，这样就保证了画面的完整性。

07

刻画细节 在场景建筑勾画完成后，根据建筑自身的结构及场景的光影效果，对画面进行深入刻画。

08

整体调整 在深入刻画时，一定要注意场景的主次关系及前后关系。不要将配景刻画得过于详细，而对于画面中靠前的景物（如瓦片、砖石和路面）的细节可以细致地绘制。

4.1.2 徽派民居 2

01

照片分析 本张照片体现出了徽派民居建筑的高墙窄巷，这些也是绘图时所要表达的核心。

02

草图分析 在分析完照片后，可以快速绘制出草图。草图不要注重细节，主要体现出场景构图与透视关系的把握。

03

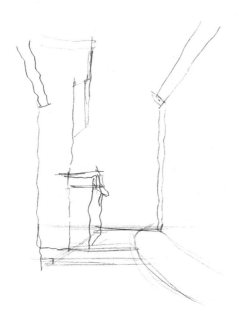

铅笔定形 用铅笔在纸上先确定出场景在纸面的构图及场景的透视，并将主体建筑的轮廓进行绘制。

04

勾画路面和中远景建筑 在主体建筑确定后，可以将路面与中远景建筑轮廓勾画出来。

05

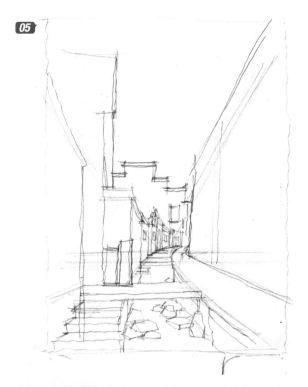

勾画建筑物屋顶 在大体轮廓确定后,可以将建筑的屋身与屋顶进行勾勒,再将近景的楼梯与河道的轮廓正确勾画。

06

绘制门窗、植物及人物 将两侧墙面的门头和门窗勾画出来,再为场景配上远景植物,并按照透视关系在路面上分别勾画出不同的人物。

07

墨线勾勒主体建筑 在铅笔稿绘制完成后,换用墨线笔先将两侧主体建筑的轮廓勾画出来,勾画时运笔要流畅。

08

墨线勾画台阶及中远景建筑 用墨线笔将近景的台阶勾画出来,再将场景中的中景与远景的建筑勾画出来。

09

勾画马头墙 勾画出远处的马头墙，并绘制出墙体上的门窗及河道里的石块。

10

刻画细节 场景中建筑轮廓勾画完成后，再将其他的建筑细部及场景中的配景与人物勾勒完成。

11

整体调整 在场景勾画完成后，根据建筑的结构及场景的光影变化，对画面进行深入的刻画。场景中的古建筑和前景是刻画的重点，将台阶、道路、墙面、门头等刻画到位，而远处的建筑和配景应简洁一些，这样画面就了有主次之分，画面的空间也能更好地体现。人物刻画的重点表现在形体和动态，前景人物应适当细致，远景人物较简洁，这样更增加了场景的活力。

4.1.3 四川民居

01

照片分析 此照片为四川传统民居建筑,照片中既有形态优美的传统民居建筑,又有水车与水面,再加上周边植物的配合共同组成完整的画面。

02

草图分析 在观察和分析照片后,用墨线笔将所理解的场景快速地勾画出来。草图着重表达场景的构图、透视及空间的表现,不要在意细节的描绘。

03

铅笔画出大致画面 草图绘制完成后,就用铅笔在纸上先快速、简单地确定画面中主体建筑在构图面上的位置,并把握住场景的大小、透视及不同场景元素的大致形态。

04

刻画细节 用铅笔将大体构图与形态确定后，再对场景中不同元素的传统建筑进行较细致的绘制，目的是对场景透视与建筑形体有准确的把握，以及对建筑构件进行深入表现。

05

墨线笔勾勒轮廓 在铅笔稿完成后，这时的场景构图与透视已确定，再换用墨线笔将场景中的道路与古建筑底部的轮廓描绘出来。

06

绘制建筑细节 进一步对场景中主体的古建筑民居及画面前部的水车进行描绘,并将建筑细节一并进行绘制,如屋顶、屋身、窗户、石块等,这样能充分体现出传统民居所具有的特点。

07

整体调整 将右侧远处的古建筑描绘出来,但远景建筑的刻画深度不要超过中景与近景,这样就能保证前后与主次关系。再将场景中的植物配景与近景水面绘制完成,从而保证画面的深入性与完整性。

4.2　现代景观写生

在进行场景照片的临摹前，首先需要对照片中的透视特点和内容进行草图分析，在一般情况下是以草稿的方式进行分析，在这里我们将这种分析的过程利用草图的形式表达出来，希望大家更容易学习和理解。

4.2.1　办公区景观

01

02

效果图分析　该图为办公楼前的景观效果图，选择这幅图是因为它基本上涵盖了前面所介绍的知识，如各种植物、木桥、人物等，还有空间透视为两点透视。临摹这幅图可以学习如何根据图中的信息寻找透视关系，如何处理前景的构筑物与植物，以及如何对远景建筑与植物进行合理取舍等。

草图分析　首先根据画面中提供的物体寻找透视关系，如画面中纵深的木桥和植被等。然后用简洁、概括的线条对场景构图，表现空间透视，以及对主要场景元素进行绘制。

03

铅笔定形　在完成草图绘制后，用铅笔在图纸上先确定场景构图与透视，再从近到远处画出木桥、道路及各种植被。注意乔木之间的大小与前后关系，最后描绘出远处露出的部分楼体的轮廓。在边缘的乔木注意虚实的处理，这样画面才会显得生动。

04

勾勒木桥、石头和灌木 在铅笔绘制完成后，用墨线将前景的木桥、树池等进行绘制。在绘制时，我们可以借助尺子对木桥造型进行勾勒，并描绘岸边的石块及树池里的灌木丛。

05

对植被进行勾勒 继续对前景植物与路面进行绘制，线条要流畅，并注意植物的形体。将木桥上面的近景人物进行绘制，注意人物的大小与动态。然后再勾勒路沿线条和远处的灌木，注意仔细勾画出画面前部的树木的外形特点。

06

07

绘制中远景植物 视觉中心处的植物绘制完成后，继续绘制周边的植物，绘制时注意要仔细勾勒树冠和树干，线条的变化要表达清楚。

描绘路面和建筑 远处的地形与路面可以概括地表现，不用绘制得过于细致，最后再勾勒出远处露出的建筑轮廓。

08

添加暗面和投影 整幅景观效果图的外形都绘制完成后，继续进行暗面和投影的塑造，暗面可以用斜排上线的方式去表现，在深入绘制时要注意线条的变化。暗面的层次感用线的疏密来表现，主要塑造前景的木桥和水面。

4.2.2 校园景观

　　校园景观临摹主要表现的是校园应有的场景氛围,绘制时还是要从近到远去处理画面中的植物,近景、中景植物做深入处理,远处的植物可以概括处理,保证植物在图面中的层次有序。

`01`

效果图分析　这是小学校园里的一处景观的效果图。这幅图在保证画面场景透视和植物表现的同时,还需要注意与其他场景效果图不同的是人物身份的表现。

`02`

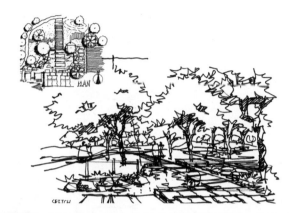

草图分析　这幅图中的植物比较多,用墨线笔大致描绘出草图。草图应着重体现构图、场景透视,还应表达出前景、中景、远景植物。

`03`

绘制铅笔稿　为了将效果图表达准确,需要先用铅笔勾画出场景构图与场景元素的轮廓。注意在铅笔稿绘制的阶段,场景表现不必过细,只需要构图合理、透视准确并表现出场景中景观元素的轮廓即可。

绘制石板台阶 在铅笔稿完成后，用墨线笔开始对场景中前景的石板路进行绘制。这些石板较为规则，绘制时可以借助尺子，注意石板大小与厚度要勾画准确。

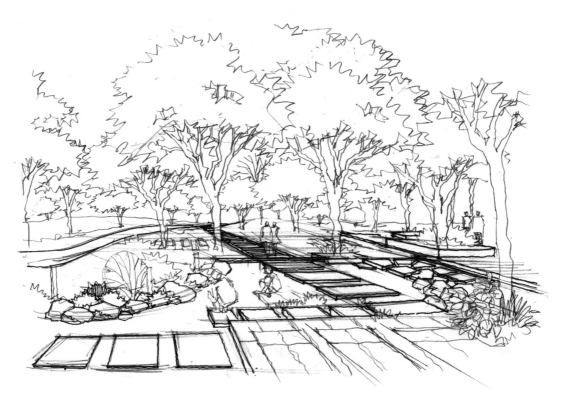

道路的塑造 在前景石板步道勾画完成后，再对中景与周边的石板路进行绘制，然后对前景的石块进行描绘。

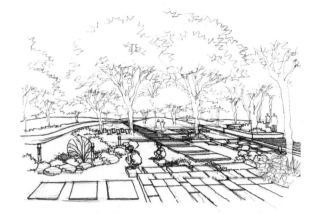

前景的描绘 勾画出前景人物，并对前景的植物与铺砖进行深入绘制（前景是图面绘制的重心）。

植物与人物的塑造 从前到后去勾画出植物，植物的外形、树冠和树干的特点要勾勒到位，并且将其余的人物绘制完成。

添加暗面和投影 场景轮廓大体绘制完成后，对画面进行深入的绘制。绘制时要注意场景的光影关系及前后景的主次关系，前景、中景要着重刻画，远景需要简洁。同时，在绘制时也应注意线条的疏密与虚实关系，这样画面既完整又富有变化。

4.2.3 住宅区景观

　　住宅区景观是日常生活中最常见的一类景观，着重表现现代社会居民生活的环境。这张照片是南方现代住宅区的景观，主要以景观汀步、热带植物、水面等为主。

01

照片分析 本例图中为现代住宅区内的一处景观。景观元素包含水面、热带植物、石汀步、人物和建筑等，临摹这幅图的目的是进一步掌握不规则场景的透视关系，以及如何把握对热带植物的塑造。

02

草图分析 在仔细观察、分析完照片后，用墨线笔按照自己对场景的理解，将场景快速地表达出来。绘制时不要过多在意细节，主要把握画面的构图、场景的透视，以及景观元素相互间的位置。

03

铅笔绘制 先用铅笔对整个场景及局部形态进行勾画，主要体现的是水池与周边台阶的形态。接着简单地绘制出椰子树的大体轮廓、远处植物和建筑。铅笔定形速度要快，不要进行细部的描绘，并且不要忘记对场景中的人物进行勾勒。

04

05

勾勒场景 铅笔定形完成后，开始用墨线笔对场景进行绘制。首先绘制的是前景的台阶与石汀步（又称步石、飞石），也是画面的核心。由于台阶是弧形的，石汀步也是不规则形状，绘制时要注意各自的透视，用笔需要流畅。

勾画人物 进一步对场景中的中景路面与台阶进行绘制，并对场景中的人物进行勾画。绘制人物时，要注意其在场景中的前后关系与比例大小，并注意人物不同的动态。

06

绘制植物 对场景中的前景椰树和中景的植物进行绘制，绘制时注意植物的种类及植物间的关系。特别是前景的植物应着重刻画，中景植物和远景植物需要适当简化，这样就加强了场景的前后关系与空间效果。

07

勾画远景建筑 将远景的建筑勾画出来，绘制时不要注重细节的表现。再将中景的景观及地面铺装按近大远小的规律绘制出来。

08

整体调整 对前景的汀步路面与水面进行刻画，并按照场景的光影关系对场景中的各景观进行深入绘制，从而使画面表现得更加完整、深入。

4.3 欧式景观写生

4.3.1 住宅小区中心景观

01

效果图分析 本幅图片为欧式住宅小区的中心景观效果图。可以将画面理解为一点透视,场景中地面、水池与水面成为重心,四周按照场景的需求配上不同的植物与人物。

02

草图分析 在观察与分析完效果图后,用墨线笔快速、大胆地将照片按照自己的理解进行绘制。草图注重构图、场景透视与景观间的位置,因此绘制时不需要注重细节。

03

铅笔定形 按照构图与一点透视的原理,用铅笔先将场景中的路面与水景的大小、透视确定出来。在绘制时一定注意地面不要过大,透视应平缓。

04

勾画植物与人物 地面与水景透视确定完成后,根据场景的需求勾画出前景、中景的植物与人物轮廓。

05

勾画远景建筑 将远景植物、人物绘制完成,再将远景的小区建筑绘制出来,并绘制出前景的收边植物。这时铅笔稿就绘制完成了。

06

墨线笔勾勒水景 铅笔稿绘制完成后，用墨线笔将场景中的中心水景勾绘出来。切记用笔流畅，并注意水景的前后关系。

07

勾勒场景中的地面及花池 再将场景的地面及左右两侧对称的花池绘制出来，注意前后的大小与主次关系。

08

描绘植物 将场景中的景观绘制完后，开始描绘前景、中景植物。绘制时应注意植物的形体及植物间的变化。然后将场景中的人物勾画出来，注意人物的大小与动态。

09

绘制收边植物 对场景中的收边植物进行绘制，并将远景的植物与建筑绘制出来，以保证画面的完整性。

10

绘制场景的明暗关系 场景绘制完成后，根据场景的光影关系与主次关系对场景进行深入的刻画，从而使场景的明暗关系更加明确，场景的空间层次与前后关系也更加明确。

4.3.2 住宅小区入口景观

住宅小区入口是住宅小区和城市干道相连接的重要节点，也是一个小区对外的重要窗口。小区入口景观的好坏直接影响到人们对该小区整体的感受，因此该设计是重中之重，住宅小区入口景观的形式也随功能要求的不同而各具特色。

01

效果图分析 本幅图片为欧式住宅小区的入口景观效果图，可以观察到图中所有的建筑都呈现出欧式现代风格的特点，并且地面铺装与植物的搭配也呈现出欧式风格的特点。

02

草图分析 在观察与分析完效果图后，用墨线笔在纸面上快速地勾绘出场景的大体轮廓及透视效果，其他细节不需要在草图中表现。

03

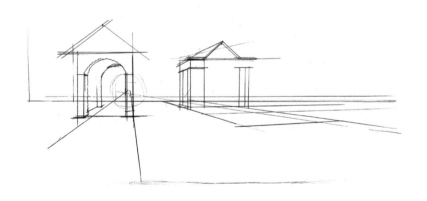

确定构图与透视 在画面约1/3处确定地平线，然后借助尺规和铅笔确定视平线，注意视平线应高于地平线。然后确定灭点，两个灭点一般是在纸的两侧。最后绘制出地面主要道路的区域及入口处的建筑。

04

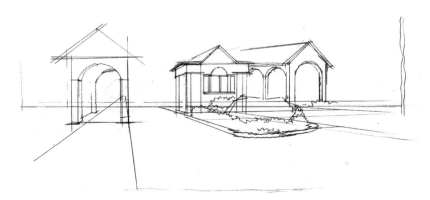

入口建筑的绘制 对入口处的建筑进一步进行绘制，确定出建筑的风格与特征，并将入口的花坛与石块勾绘出来。

前景植物定位 将场景的地面分区线按透视绘制出来,并开始对场景的植物进行绘制,注意植物的大小与形态。

中景、远景植物的绘制 再将场景中的中景、远景植物按照前后与主次关系分别绘制出来,并将远处的住宅建筑也勾绘出来。

提示

起伏地形的高度是以构筑物的高度进行参照来确定的。

墨线的绘制 铅笔定形完成后,用墨线笔对图面进行绘制。首先绘制场景中的入口建筑与地面,线条需要流畅,可以借助尺规绘图。

08

前景的绘制 进一步对前景的入口建筑、种植池和地面进行描绘，并将远处的住宅建筑的轮廓也勾画出来，但不要刻画得过于细致。

09

场景中植物的绘制 场景中的主要建筑与地面绘制完成后，开始对场景中的植物进行绘制，绘制时可以从前向后绘制。前景、中景植物是重点，而远景植物则可以简化，绘制时要注意植物的形态与大小，绕线要流畅、自然。

10

地面与人物的绘制 场景中的植物绘制完成后,将人物按照场景的需求及前后关系进行绘制,绘制时要注意人物的比例与动态。然后再绘制出前景地面的铺装,绘制时注意铺装的透视关系。

11

绘制场景的明暗关系 用墨线将场景勾绘完成后,还需要按照场景的光影关系对场景进行深入的刻画,从而加强场景的明暗对比关系,也更加突出场景的空间感。

4.4　中式景观写生

4.4.1　园林建筑景观

园林建筑景观是中式景观的主要景观类型，常用于公园、绿地与小区内，以中式的园林建筑为主体，周围配以不同的植物和其他景观元素来体现该空间的景观效果。

01

照片分析　通过照片可以观察到该景观中的主体为亭子，周边配有石块与汀步及不同的植物，共同组成了中式景观。

02

草图分析　在分析完照片后，用墨线笔在纸上快速地勾绘出与照片相对应的草图，着重体现场景的构图、透视，以及景观元素的位置与大小，不需要绘制得过于细致。

03

铅笔定形　用铅笔与尺规在纸上确定场景的构图位置后，找出透视点，并根据透视绘制出亭子。

04

绘制石块与汀步　对亭子进行深入刻画，并将前景中的石块与汀步的轮廓勾绘出来，注意石块间的形态与大小关系。

05

06

绘制植物 将左侧道路绘制出来，并在场景中绘制植物，注意植物的大小与形态。

绘制远景元素和人物 最后，将远景元素与左侧的收边植物绘制出来，并在场景中合适的位置配上人物，从而丰富场景。

07

勾勒线稿 铅笔稿绘制完后，确认场景构图、空间透视是否正确，然后用墨线笔开始对场景进行描绘。首先对场景中的景观主体进行绘制，亭子需要有中式风格的特点。

08

09

勾勒路面 亭子绘制完后，对前景的路面、石块、汀步和小灌木进行绘制。需要注意石块的大小与质感，植物应表现出自然的形态。

勾勒乔木 开始对场景中的乔木进行绘制，绘制时注意其形态的变化，并将场景中的人物绘制出来，注意人物的大小比例与动态。

10

勾画枯树与建筑 将右侧的枯树与远处的建筑植物绘制出来，注意枯树树干的形态需要表达到位。然后对前景的石块与草地进行刻画。

刻画场景的明暗关系 根据光影关系对场景中不同的景观元素进行深入的刻画，这样不但加强了场景的明暗对比，也加强了场景的空间表现。

11

4.4.2 庭院景观

01

效果图分析 本幅图片为中式庭院景观效果图,场景为一点透视,场景中包含了廊架、水面、景观墙、植物等,而场景的重心为廊架。因此,在绘制时应注意主次关系。

02

草图分析 根据对照片的观察和分析,用墨线笔快速地勾画出草图。应注重草图构图及空间透视的把握,以及景观元素的定位。

03

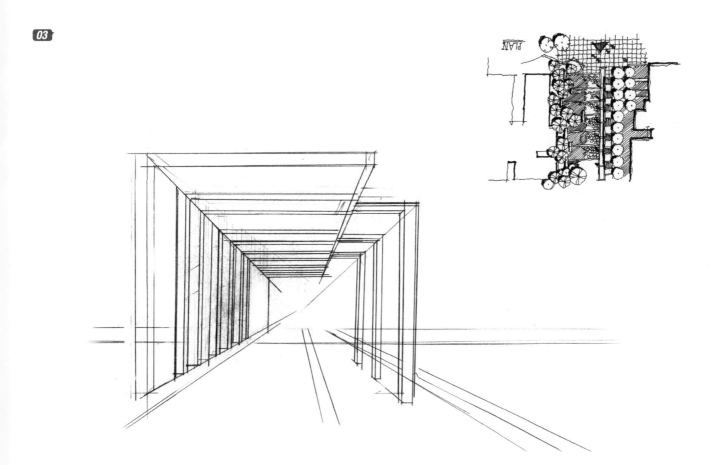

铅笔定形 用尺子与铅笔在图面上确定构图的大小,然后在画面上找到地平线与视平线(地平线应在画面约1/3处)。找到透视点后将廊架定位,并将其绘制出来。

04

绘制地面、景观墙及人物
廊架透视必须准确，并且每个廊架应体现出各自的厚度。廊架绘制完后，将场景中的地面、景观墙及场景人物绘制出来。

05

绘制植物 确定场景的硬质景观元素后，根据场景的需要，为场景配上不同类型、大小的植物。

06

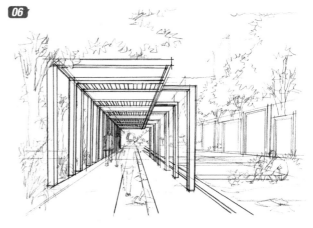

勾勒地面与廊架 铅笔绘制完后，用墨线笔对场景进行勾画。首先，将场景的地面与廊架绘制出来，需要细致地将廊架刻画出特点。

07

勾勒人物 将场景中的人物绘制出，一定要注意人物各自的大小与动态，不要绘制得过于单一、呆板。

08

勾勒植物 将场景左侧的景观墙绘制出后，开始对场景中的植物进行描绘。

09

刻画植物层次 场景中的植物需要按近、中、远的关系进行处理，前景植物的表达需要细致，其次是中景植物，而远景植物需要简化处理。然后将场景路面的铺装按照透视绘制出来。

10

刻画场景明暗关系 根据光影关系对场景进行深入绘制，加强场景的明暗对比关系，从而增加场景的空间感，加强空间效果图的表现力。

4.4.3 滨水景观

01

照片分析 本张照片为两点透视，图片中的右侧临水，且水域面积较大，景观木栈道成为视觉中心，加上景观亭与植物的配合，共同组成了滨水景观。

02

草图分析 根据对照片的分析用墨线快速地勾画出草图，着重表现场景的构图、透视及大体的位置，不需要对细节进行绘制。

03

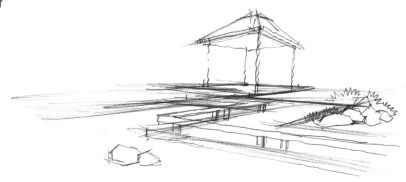

铅笔定形 用铅笔在图纸上确定构图后，找准场景的地平线、视平线及透视点，绘制出木栈道与景观亭。

04

绘制近景、中景植物 在景观主体轮廓绘制完后，根据场景的需要绘制近景、中景植物，要注意植物的品种。然后为场景配上人物。

05

绘制远景植物 继续绘制场景的远景植物，从而丰富场景内容。最后将远处的建筑轮廓勾画出来。

06

07

勾勒木栈道 铅笔稿定形完成后，确认场景构图与透视无误，然后用墨线笔开始描绘，先将场景中的木栈道勾画出来。

勾勒景观亭 将场景中的景观亭绘制完成，并将场景中的人物与前景的石块绘制出来，注意人物的大小与动态，石块不要绘制得太圆润，否则会失去石块的质感。

08

勾勒植物 根据场景的需求，绘制出近景、中景、远景植物，并表现出不同植物的大小、形态与特征。然后将远景的建筑轮廓绘制出来。

09

绘制木板线 将木栈道的木板线根据透视绘制出来。在场景轮廓绘制完成后，根据场景的光影关系对场景进行深入的刻画，从而使得画面更加深入。

10

整体调整 将远处的天空进行处理，并增加场景对比度，从而使场景的光影效果更加明确，空间表现也更加到位。

4.5 日式景观写生

4.5.1 寺院景观

寺院景观较常见于中式、日式寺院, 寺院景观内的建筑为传统风格的建筑, 以清新、朴实为主, 加上植物的配合 (植物以罗汉松、菩提树、含香、毛竹、银杏等为主), 共同烘托出了寺院所独有的景观特点。

01

照片分析 本张照片为典型的日式寺院景观, 枯山水是日式景观的一大特点。图中除了建筑外, 植物、水面与石块也是表现的重点。

02

草图分析 根据对照片的分析, 用墨线笔将整个场景快速地勾画出来。草图注重的是构图、透视与景观元素的轮廓。

03

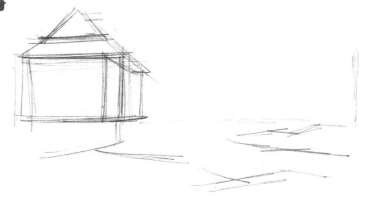

铅笔定形 在画面约1/3的位置确定地平线, 然后确定视平线, 注意视平线应高于地平线。然后再确定灭点, 绘制出场景中的建筑与水面。

04

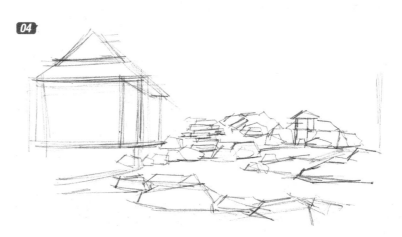

石块的绘制 在构图、透视与建筑的位置确定后, 在水面四周勾画出大量的大小不同、形态各异的石块。切记石块不要绘制得过于圆润, 否则会失去石块的质感。

05

06

不同层次的植物定位 接着对右侧植物进行绘制，注意植物的前后层次及大小、形态的变化，从而使植物的层次更加丰富。

细节的绘制 植物添加完后，将建筑的门窗细节与前景的石质景观灯绘制出来。

07

墨线的描绘 在铅笔定形绘制完成后，开始进行墨线的描绘。首先将场景中的传统建筑描绘出来，并注意将建筑的特点和细节表达出来。

08

勾勒石块、石灯和人物 在建筑绘制完成后,将场景中的石块、石灯和人物分别绘制出来,石块的线条要软硬结合。

09

勾勒植物 用墨线笔将植物绘制出来,将前景、中景、远景植物均绘制完成。

10

整体调整 用墨线将轮廓描绘完成后,还需要按照场景的光影关系,对场景不同的景观元素进行深入的绘制,从而增加场景的对比度,加强场景的前后关系,增加场景的空间感。

4.5.2 公园景观

公园景观是人们日常生活中常见的一类景观，而日式的公园景观则更加体现了日式枯山水的特点。建筑、假山、石块、水景及不同的植物共同组成了日式风格的景观。

01

照片分析 本张照片中的水体较大，石桥成为视觉中心。远处为日式建筑，周边则分散着不同的植物与石块。

02

草图分析 在分析完照片后，根据自己对照片的理解用墨线笔快速地勾画出草图，要求构图合理、透视准确。

03

铅笔定形 在画面约1/3的位置确定地平线，然后确定视平线，注意视平线应高于地平线。然后确定石桥的位置，并勾绘出建筑、植物及人物。

04

05

墨线描绘 在铅笔定形完成后,换用墨线笔开始描绘场景,首先将场景中的石桥与周边的石块描绘出来。

绘制人物 将人物绘制完成,要求大小合适、动态准确。然后将水面与植物进行适当描绘。

06

描绘近景植物 将场景中的近景植物,也就是场景中最大的植物描绘出来,注意表现出这棵植物的大小与体态。树叶要以组绘制,再将后面较小的植物绘制完成。

07

描绘建筑 将场景中的建筑描绘出来，因建筑较远，所以不需要绘制得过于细致。然后将其余的中景植物细致地绘制出来。

08

整体调整 场景轮廓描绘完成后，根据场景中的光影变化和画面的需求，对场景进行深入的处理。然后对前景、中景进行刻画，增加场景的明暗对比，增加场景的氛围感，从而使景观表达得更加完整。

4.6 美式景观写生

别墅景观在景观中较为多见，周边的景观围绕着别墅而设定，从而增强别墅居住环境的氛围。一个别墅庭院是否美丽就取决于庭院景观设计的表现。另外，美式别墅景观也是别墅景观中的一种。

01

照片分析 本张照片为别墅景观，但别墅建筑为远景，中景为路面与植物，近景则是植物与熊雕塑，因此雕塑与植物就成为画面重点表现的区域。

02

草图分析 根据对照片的分析，用墨线笔快速地勾画出与场景相对应的草图。草图着重表现场景的构图、透视与景观元素的位置，不用绘制细节。

03

铅笔定形 草图绘制完成后，用铅笔对场景的构图、透视及各景观元素进行铅笔定形。

04

勾勒线稿 铅笔定形完成后，换用墨线笔开始对场景进行描绘。首先描绘出前景的熊雕塑及路面，再开始描绘远处的别墅，虽然位置较远，但也是场景中的重点。

05

进一步描绘建筑 将美式别墅的特点表现出来，并将远景植物与汽车描绘出来。

06

描绘建筑细节 对别墅建筑的细节进行适当的描绘，将别墅周边的植物绘制出来，使建筑与植物有机地结合起来。

07

描绘前景植物 将前景植物进行细致的描绘，不论是树冠还是树干都要描绘到位，使得前景植物的特点明确、层次分明。

08

绘制场景的明暗关系 对前景植物刻画完成后，对远景植物进行适当的明暗处理，从而增加场景的前后关系。接着对熊雕塑进行深入的刻画，然后绘制周边的草地。

09

整体调整 最后根据场景的光影关系，刻画出前景植物、熊雕塑等的投影，并将远处天空的云描绘出来，从而使画面表现完整。

4.7 本章练习

照片分析 这张照片是以园林道路、乔灌木、地被植物为主的场景，特别是有弧形变化的路面，是绘制本图中的难点。

草图分析 用之前所学习的方法，根据对场景的分析快速地勾画出草图。构图要饱满，透视要准确，景观元素的位置与大小要合适。

描绘步骤 草图完成后，用铅笔勾画出场景的大致效果；再用墨线笔分步骤描绘出效果图；根据效果图的需要，对场景进行深入的刻画；最后使画面完整、效果突出。

第 5 章

Chapter 5

景观平面图拉伸空间

5.1 平面图拉伸空间概述

平面图拉伸空间是初学者最容易出现错误的地方，主要是因为初学者对景观平面图认知不足、缺乏空间想象力及构图能力匮乏。下面，将讲解一些训练方法，使初学者了解应如何提高这些方面的能力。

1. 对景观平面图进行认知上的训练

① 平面图中路网的构成形态。

② 平面图中构筑物的位置。

③ 哪些道路存在高差。

④ 哪些地形存在变化。

⑤ 平面图中植物的相对位置。

⑥ 平面图所处的相对位置。

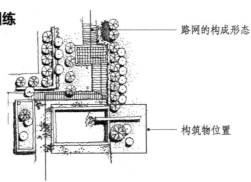

路网的构成形态

构筑物位置

道路存在高差

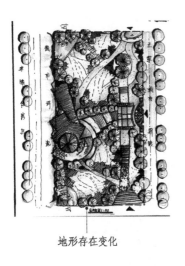

地形存在变化

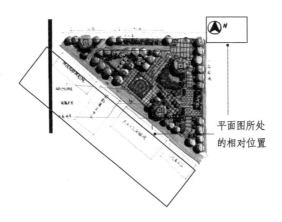

平面图所处
的相对位置

透视角度

2. 针对空间想象力及构图能力的训练

① 透视的选择及角度的选取（草图训练）。

② 空间表现主体。

③ 根据画面的需要进行添加（平面图中没有的物体）。

▲ 透视角度

▲ 一点透视

▲ 表现主体

▲ 两点透视

5.2 公园景观平面图拉伸

01

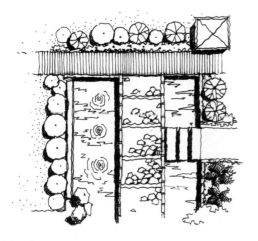

平面图分析 主要表现道路及两侧的水景，植物表现得比较少，所以在透视图中要增加远景的植物来丰富画面。

02

草图分析 平面图中的道路较方正，用一点透视去处理空间最为合适，构筑物和植物的高度决定了空间的围合感，天空的大小根据整体画面的需要进行调整。

03

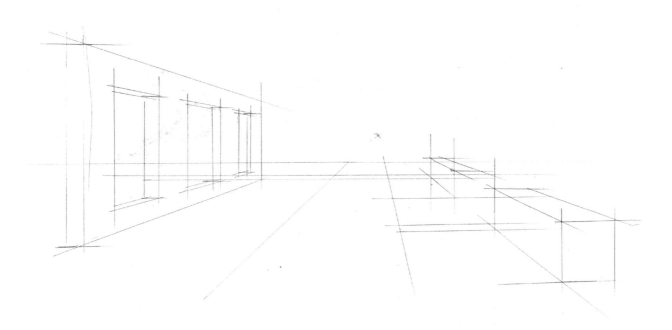

铅笔定形 确定灭点位置（灭点的位置决定了主体构筑物的表现），根据近大远小的透视关系先确定出构筑物的具体落点，注意高度由设计先设定，建筑物的顶部尽量安排在画面中的上1/3处，否则会造成构筑物过高，导致空间变形。

04

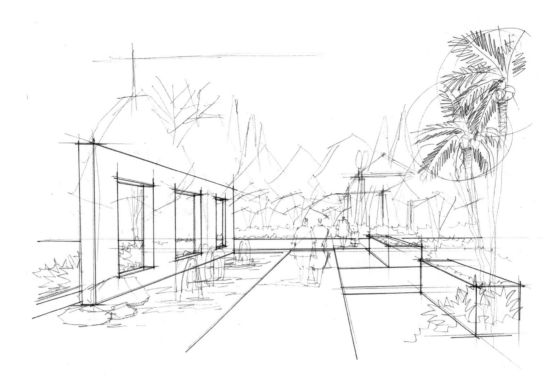

勾勒线稿 确定地面的路网结构线，对构筑物与路网的前后遮挡关系进行细化，特别是在有厚度的地方要处理好结构关系。

05

道路的细化和人物的空间定位 将不同规格的道路进行细分，人物的多少是由空间的需要来决定的。只要是在同一地面的人物其头部都在同一高度（儿童除外）；另外就是要避免将两个男士画在一起。

06

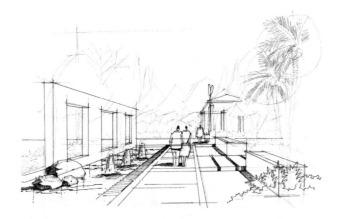

水面的处理及地面投影的添加 要将水体的体积和状态表达清楚,投影的处理会使地面的对比更加强烈。

07

植物刻画 刻画不同层次的植物要遵循近实远虚的原则,并且要从形态、品种上对不同的植物进行区分,注意植物还有地域的特性。

08

整体调整 画天空时,一定要留出一定的边际。注意表现地面时需要对材质进行刻画,不需要刻画得过多,表现出大概就可以。

5.3 屋顶花园景观平面图拉伸

01

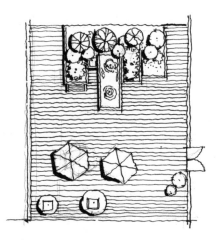

平面图分析 此屋顶的绿化设计大量采用铺装,在空间表达上会造成特别空的感觉,那么就将构筑物作为表现的重点来营造空间。

02

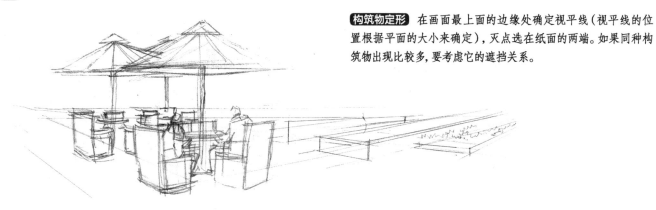

草图分析 屋顶花园的荷载等原因,致使该场景中的植物较少。本幅图是两点透视,地面的表现要平缓,难点在于如何体现出屋顶的花园。

03

构筑物定形 在画面最上面的边缘处确定视平线(视平线的位置根据平面的大小来确定),灭点选在纸面的两端。如果同种构筑物出现比较多,要考虑它的遮挡关系。

04

空间植物和人物定位 在屋顶绿化的设计中,荷载的要求一般以灌木为主,乔木也是较低的种类。另外,人物的姿态要有变化。

05

远景建筑的处理 屋顶绿化是在建筑的顶层突出场景,远景建筑的表现要符合场景的需要。

06

勾勒线稿 先对场景中前景的构筑物进行勾画,要将太阳伞的透视结构勾勒出来。

07

人物的处理 为了使人物更符合场景表现,可以将人物的姿态随场景的需要进行一些变化。

08

植物的处理 在这幅线稿图中,植物及场景的特性决定了屋顶花园的植物比较少,但是在植物层次上还是要进行细分。

09

远景建筑的处理 由于场景中的植物较少且场景也不大，在远景建筑的刻画上要详细一些，女儿墙要与远景建筑统一。

10

明暗关系处理及天空的刻画 根据光影关系对场景中的人物、植物、构筑物进行明暗处理，天空用云、气球、鸟等元素来丰富画面。

5.4 中式跌水景观平面图拉伸

01

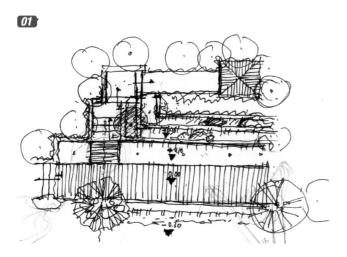

02

平面图分析 这幅图表现了有落差的跌水，需要注意的是用一点透视不易表现，最好用两点透视。道路较为方正，地形上有落差。

草图分析 用两点透视突出表现跌水，最容易出现问题的地方是最前面的道路。

03

铅笔定形 道路的最外线一定要平缓，跌水的透视和高度通过目测在空间中进行定位，在这一步中左边灭点的位置起到了关键性的作用。

04

构筑物细分 跌水不宜太高，每个层级中的水面应较小。注意其他的构筑物不能画得太大，否则会影响主体构筑物的作用。

05

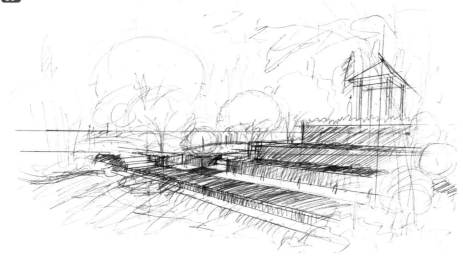

地面、跌水的表现 为了保证主体透视不会出现大的误差，可以在相应位置做较小的透视排列。

06

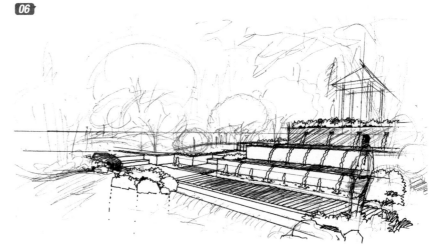

构筑物的勾勒 在对主体构筑物进行刻画时，跌水的数量和形态必须随透视而定，在角度为直角的地方使用石头、植物来软化场景。

07

中景植物的刻画 在这幅图中，应将大部分的植物放在中景部分，这样不会遮挡住主景，并且透视可以形成对比关系。

08

前景植物的刻画 在刻画前景植物时应尽量将树干画得高一点，不要使树冠遮挡住构筑物和主景观。

09

远景植物和水面的刻画 远景植物不宜画得过高，画出2~3个层次，其中的一个层次用排线分层。另外，水面不宜画得过多。

10

水体的细部特写与主体明暗的处理 在刻画静态、动态水时一定要表现出各自的特点，注意跌水和构筑物的投影在画面中要统一处理，道路区域需要根据画面适当增加投影。

5.5 小区中心景观平面图拉伸

01

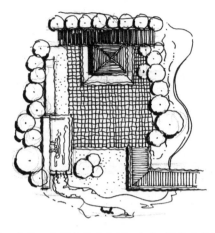

02

平面图分析 这是一个围合的小空间，凉亭、栈道和景墙等元素使平面图较为丰富，大面积的地面铺装不是我们要表现的主体，在透视视平线上要压低。

草图分析 水面、凉亭、栈道是表现主体，注意道路与场景中构筑物的连接较为重要，要表现清楚。

03

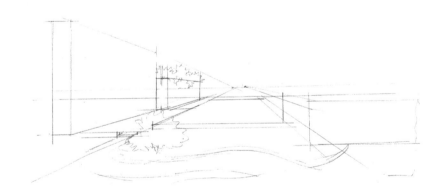

透视定形 一点透视的视平线要放低一点，这样可减小地面面积，有利于表现地面和构筑物之间的结构。注意比例要表达清楚，弧形水面的弧度要画得平缓一些。

04

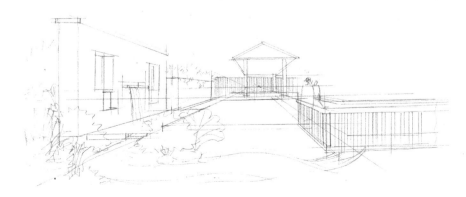

细化构筑物 对构筑物的结构进行细化，构筑物的高度、结构、厚度缺一不可。

05

空间中植物的布置 植物不仅能软化空间，同时还能加强空间的进深感。应表现出不同层次和高度的植物，植物的高度以构筑物为参照。

06

构筑物结构线稿的勾勒 勾勒构筑物的结构线并使其与一点透视的视平线平行。注意主构筑物的线条要勾勒到位。

07

08

细化构筑物 注意有人物的区域会遮挡住地面铺装及构筑物，构筑物要严格按照透视勾勒。

场景植物刻画 按照平面图确定场景中植物的定位，更多的时候会根据画面构图的需要进行调整。

09

明暗关系处理 对场景中的物体进行暗部及投影的处理，保证前密后疏的关系，投影区域要暗下去，注意要在画面中统一调整。

5.6 小区水景景观平面图拉伸

01

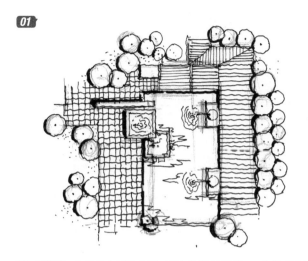

02

平面分析 主景是中间的水景,两边道路材质不一,在处理上要表现出主次关系。

草图分析 主要表现道路两边的景观环境,构筑物是表现的主体。根据画面的需要添加植物。

03

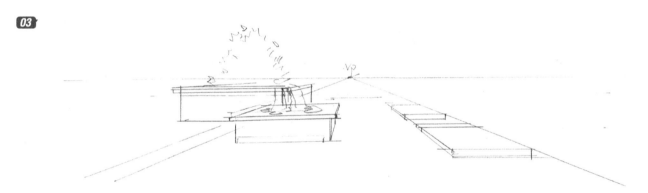

铅笔透视定形 场景用一点透视来确定道路和构筑物的位置,将主景中的构筑物确定好之后才可以它为参照物确定其他的构筑物。

04

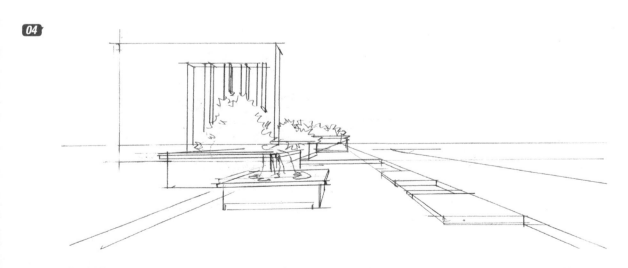

其他构筑物的空间确定 在主构筑物确定好之后,用相应的比例及透视关系对场景中其他的构筑物进行确定,构筑物离地面线一定要近。

05

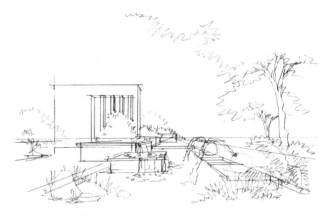

前景植物的确定 在小场景中，前景植物在整个画面中最高，下部用灌木进行收尾，且水面区域用石头或水生植物进行搭配。

06

中景、远景植物的确定 在中远景植物定位时，一定要考虑构筑物与植物的关系。

07

勾勒线稿 勾勒场景中主构筑物的结构线，要注意物体间的遮挡关系。

08

构筑物的勾勒 场景中所有的构筑物及地面结构线按透视原则进行勾勒。

09

前景灌木的勾勒 在构筑物确定好之后勾勒出前面和中间的灌木，从而丰富了画面，注意水体的表达也是较为重要的。

10

中景植物的确定 构筑物的高度决定了中景植物的形态及高度，所以必须要表现准确。

11

远景、前景植物的确定 远景的植物不能过高且不宜过多，收边植物是画面中最靠前的物体，刻画上要详细一些。

12

整体调整 对所有的物体进行明暗处理，在较为空旷的构筑物里可以用排线的方式丰富画面。

5.7 小区平面图转鸟瞰图

鸟瞰图在空间表现中是较少使用到的,有些初学者对鸟瞰图有很强的恐惧心理,这是因为平时缺少练习,对于整体透视的把控不到位。

鸟瞰图的优点有很多,特别是在体现大型空间的表达时能很好地将空间的场地与构筑物、植物的关系表达得很清晰,再者就是要从整体来思考整体空间与局部空间的过渡及路网的设计。

01

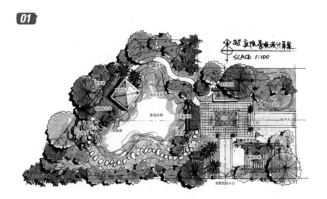

平面分析 小区的地形较为方正,道路笔直,只是水面区域全是弧形的,构筑物摆放的位置进行了相应变化。

02

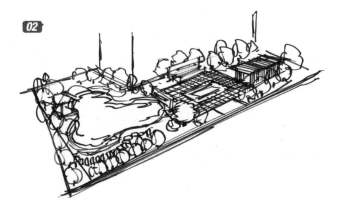

草图分析 主要表现整体空间的比例与建筑之间的关系,还有构筑物和植物的空间关系。

03

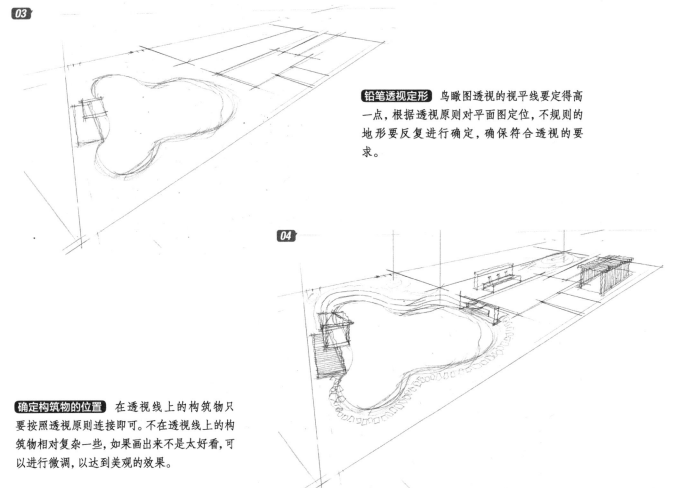

铅笔透视定形 鸟瞰图透视的视平线要定得高一点,根据透视原则对平面图定位,不规则的地形要反复进行确定,确保符合透视的要求。

04

确定构筑物的位置 在透视线上的构筑物只要按照透视原则连接即可。不在透视线上的构筑物相对复杂一些,如果画出来不是太好看,可以进行微调,以达到美观的效果。

05

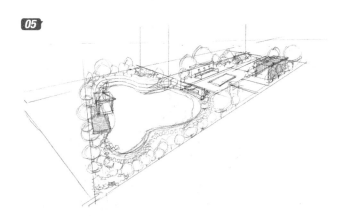

06

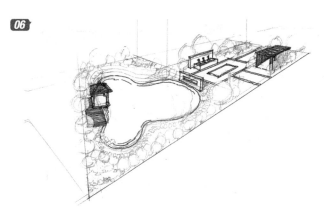

植物定位 鸟瞰图中植物的位置较远,在刻画时主要是以轮廓为主,植物的树干较短。

地形结构的勾勒 根据初定的透视对地形及构筑物结构进行定位,留出有遮挡关系的部分。

07

植物、地面和构筑物的整体刻画 要对植物层次进行一定的区分,地面铺装及地被植物按照平面图的设计进行刻画。

08

整体画面调整 鸟瞰图最主要的是空间的表达,对细节的刻画要求不高,水面的刻画是通过水纹的变化来体现。

5.8 公园平面图转鸟瞰图

01

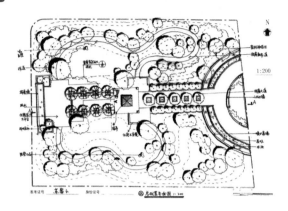

平面图分析 平面图拉伸空间主要是依据路网的设计及组成。由本例的平面图可以看出主干道较为方正，次干道主要是以弧形道路为主，其透视难度较大。

02

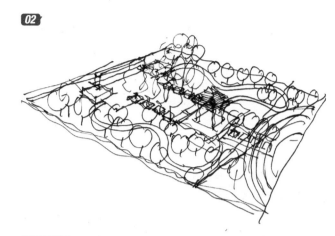

草图分析 景观鸟瞰图的表现应尽量将主入口放在最前面的区域来表达，突出入口。弧形的次干道及入口处的半圆形造型是画面中最难处理的，所以在这些地方会用到"八点定圆"理论去表现。

03

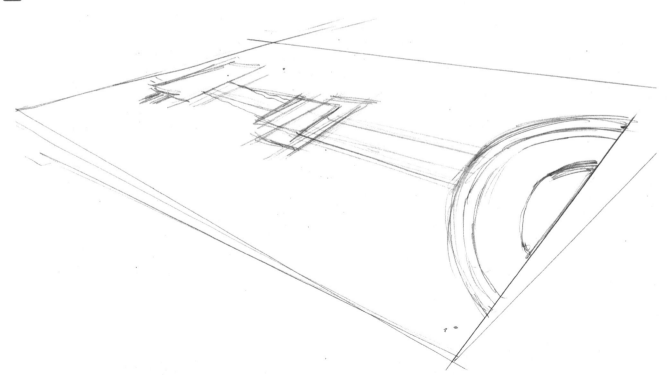

主轴线透视定位 根据透视关系对主轴线的路网进行定位。

04

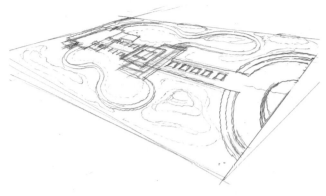

次干道和微地形的确定 弧形的次干道比较对称,在刻画时严格遵循透视关系。通过微地形将不同形态的地形进行连接。

05

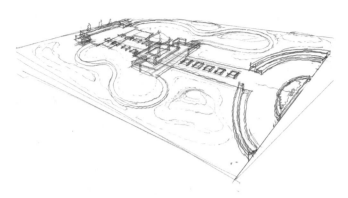

构筑物高度的确定 构筑物的高度根据平面透视的长宽来确定。先确定一个构筑物的高度,其他的均以第一个构筑物为参照。

06

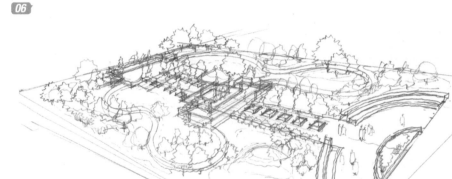

植物定位 空间中的植物按照平面图的设计进行定位,其数量可以根据画面的需要减少或者添加。同时在场景中增加人物。

07

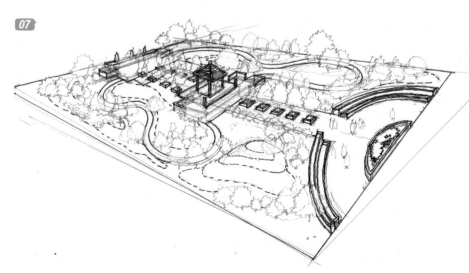

勾勒线稿 主要是对场景中地面和构筑物的轮廓线进行勾勒,留出遮挡区域。微地形用虚线勾勒出每个层级。

08

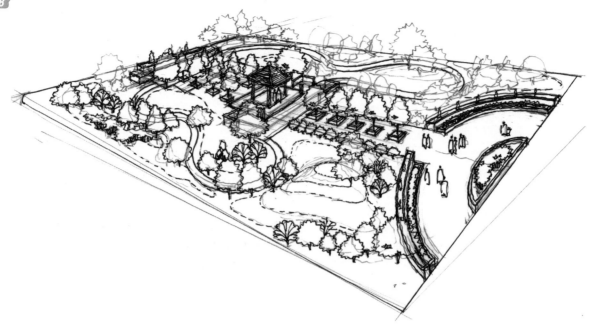

刻画植物 对场景中的植物进行刻画，植物的高度由植物的落点来决定，不同高度、物种的植物在场景中有不同的组合。

09

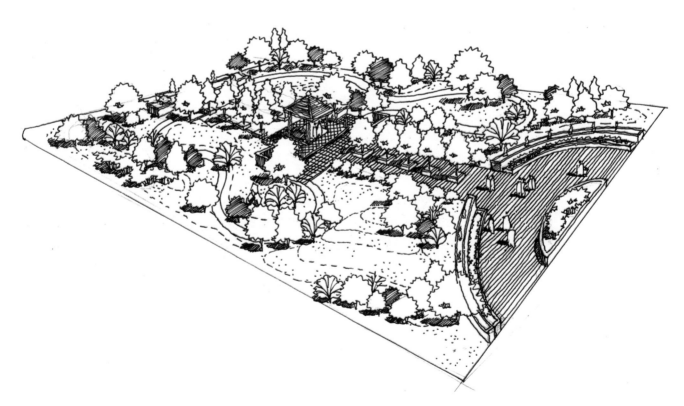

地面铺装及投影处理 大面积的微地形用点的笔触来处理，地面用排线或铺装的方式来丰富。在植物较多的区域，后面的植物用排线的方式来表现，这样能拉开场景中的层次关系。

第 **6** 章

马克笔上色技法

6.1 马克笔属性和笔触

马克笔是各类专业手绘表现中最常用的工具之一。马克笔笔触的颜色鲜亮，其溶剂多为酒精和二甲苯，颜料可以附着于纸面，并且可以多次叠加。马克笔的优点在于：它是一种快速、简洁的渲染工具，使用方便且颜色保持不变。在快速表现设计构思与效果图时，需要运用大胆、强烈的表现手法。

目前市场上有很多品牌的马克笔，在购买时要观察并测试它的笔头。优质的马克笔的笔头制作精细、比较硬朗，用手去捻不会有太多的颜色渗出。出水均匀，没有刺鼻的气味，颜色与显示的号码符合。一般我们在选取马克笔时不会选择单一的品牌，找出各个品牌中最适合自己的色号，不要被其他人的色号及技巧影响，要按自己对色彩的理解进行搭配。

6.1.1 建议马克笔品牌及色号

建议初学者使用TOUCH 5代、国产的凡迪配合使用。因为它们性价比高，适合初学者练习，等熟练后再使用更好的马克笔。我们在颜色选择上按照色相、明度、色彩的冷暖关系进行搭配。下面，列举出部分的马克笔颜色，读者还可以根据自己的需要和习惯进行添加。

T表示TOUCH 5代　F表示国产凡迪

冷灰色系

CG2	CG4	CG6

暖灰色系

WG2	WG4	WG6	F98

> **提示**
>
> 如果初学者对马克笔颜色记得不是很清楚，可以在笔上做一些颜色标记，用起来就很方便了。开始学习马克笔上色时，一定要给自己做一个漂亮的色卡，这样可以便于记住颜色。

蓝灰色系

BG3	BG5	BG7	BG9

蓝色系

T68	T67	T76	F47	F48	F143

绿色系

T43	T50	T54	T56	T57	F166
F167	F185	F186	F187	F195	F25

暖色系

T11	T9	T25	F69	T97	T96
T77	T84	F201	F205		

6.1.2 建议彩色铅笔品牌及色号

建议购买辉柏嘉牌彩色铅笔，可以单独购买该品牌彩色铅笔的某种颜色的铅笔。下图中的C表示彩色铅笔。

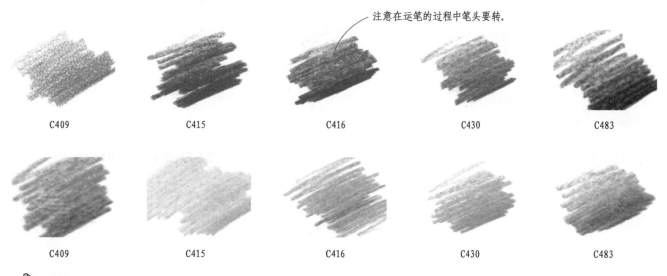

注意在运笔的过程中笔头要转。

C409　　C415　　C416　　C430　　C483

C409　　C415　　C416　　C430　　C483

 提示

上面的号码只是我们建议的，可以增加或者减少，根据自己的喜好而定。切忌使用过于鲜艳的颜色，因为不便和其他的颜色搭配。

6.1.3 使用马克笔常出现的问题及错误

01 上色易扩出去，出现这种问题的原因，第一是纸太粗糙、易吸水；第二是笔太新，水太多。

02 握笔姿势不正确，画出的线不规则。

03 运笔太慢，容易超出边缘，同时会造成画面太闷。

全接触的笔触，注意在画的过程中笔头不能转。

颜色太重，不透气。

建议选取表面比较光滑的纸，参加考试的同学应注意千万不要使用太新的笔。

04 下笔太重，起笔、收笔容易出轮廓线。

05 运线停顿，会造成画面凌乱。

颜色要收在边框里面。

▲ 正确画法　　▲ 错误画法

画出的线条不均匀。

06 飘线，初学者慎用。

起笔重、落笔轻，是不对的。

笔头的不同用法

马克笔前面的头是用来补没有画到的地方，后面的头用来画线，全接触的笔触是用来大面积的上色的。

6.1.4 不同笔头马克笔的笔触特点

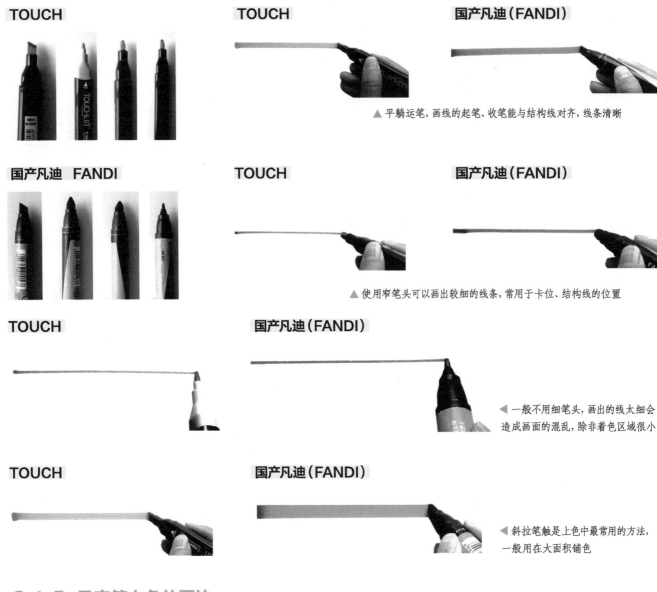

TOUCH

TOUCH

国产凡迪（FANDI）

▲ 平躺运笔，画线的起笔、收笔能与结构线对齐，线条清晰

国产凡迪 FANDI

TOUCH

国产凡迪（FANDI）

▲ 使用窄笔头可以画出较细的线条，常用于卡位、结构线的位置

TOUCH

国产凡迪（FANDI）

◀ 一般不用细笔头，画出的线太细会造成画面的混乱，除非着色区域很小

TOUCH

国产凡迪（FANDI）

◀ 斜拉笔触是上色中最常用的方法，一般用在大面积铺色

6.1.5 马克笔上色的要诀

马克笔上色的要诀是：轻、准、快。另外，它与其他笔画线条的区别是它没有回笔，起笔和收笔都在瞬间完成，没有多余的动作。

▲ 轻：笔与纸接触时力度要像抚摸小孩的皮肤一样，同时手握笔的力度要轻。

准: 起笔、收笔要与所画的物体的结构对齐。从起笔到收笔, 不能犹豫、停顿, 起笔时马克笔的笔头必须与物体的结构对齐。

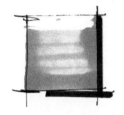    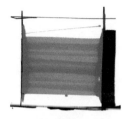

▲ 速度快, 画面有透气感　▲ 速度慢, 画面闷　▲ 从上往下渐变　▲ 从下往上渐变　▲ 从中间往两侧渐变

> **提示**
> 只有全接触的, 没有变化的线。

快: 马克笔运笔时一定要快, 这样画出来的画面不会太闷。

▲ 画面留白　　▲ 画面上色虽然已满, 但
　　　　　　　　有渐变关系

> **提示**
> 画面上色不能满。

6.1.6　马克笔线条的不同笔触及运笔方向

直线 手臂整体向右且用力均匀, 快速拉动。起笔、收笔不要长时间停留, 否则马克笔的颜色会超出轮廓线。

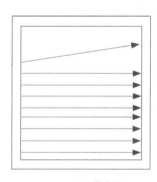

▲ 运笔方向

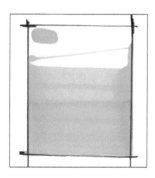

▲ 马克笔笔触

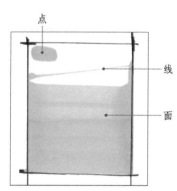

点
线
面

竖线 手臂整体向下且用力均匀, 快速拉动。容易倾斜, 手指不能随着笔的运动而运动。

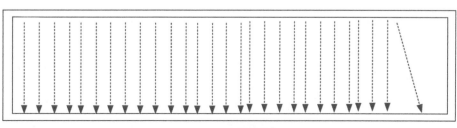

▲ 运笔方向

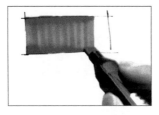

▲ 使用TOUCH 5代马克笔的运笔姿势　　　　　　　　　　▲ 马克笔笔触

下笔要肯定，运笔
速度要快。

▲ 使用国产凡迪马克笔的运笔姿势　　　　　　　　　　▲ 马克笔笔触

斜上线 马克笔笔头与结构线对齐，向上推动。画不同的斜线，笔头要进行调整。

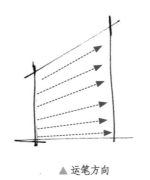

一定要保持笔头
与边缘线相切，不
能存在夹角，否则
边缘会不整齐。

在补笔触之间
的缝隙颜色时，
一般用笔头的
侧楞补笔。

▲ 运笔方向　　　　　　　　　　▲ 握笔姿势　　　　　　　　　　▲ 马克笔笔触

斜下线 马克笔笔头与结构线对齐，向下拖动。画不同的斜线笔头要进行调整。

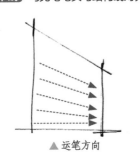

注意收笔的时候
一定要落在边缘
线上。

起笔的时候千万不
能出现锯齿。

不能画得过于满，
里面需要有变化。

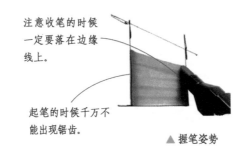

▲ 运笔方向　　　　　　　　　　▲ 握笔姿势　　　　　　　　　　▲ 马克笔笔触

斜推线 斜推线是最难绘制的排线之一。握笔要倾斜，马克笔笔头与结构对齐，顺透视方向推动。

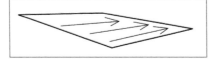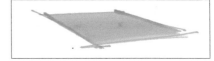

▲ 错误，未与结构线对齐　　　　　　▲ 运笔方式　　　　　　▲ 马克笔笔触

 提示

　　如果觉得自己的笔特别干，可以往里面注入一点酒精，一般选用针管去注入，注意酒精量不能超过针管上的一小格。

斜拉线 斜拉线也是最难绘制的排线之一。握笔要倾斜，马克笔笔头与结构对齐，顺透视方向拉动。

▲ 错误，未与结构线对齐

▲ 运笔姿势

▲ 马克笔笔触

循环细线 在效果图中，循环细线常用于草地、天空的刻画。画出的效果比较有透气感，而且变化自然。在绘制时要注意循环线要短，看起来有细节。

▲ 正斜握笔

▲ 用笔的小头

T59 +F167 +
F166 +T76

F166 +T56 +T76 +
F98 +F167 +T57

T67 +T76 +F48 +F47 +F47 +F143

F195 +T68 +T59 +BG3

T59 +F166 +T68 +F167 +F195

块状循环线 块状循环线是植物表现中常用的一种。线条要成组，角度要有变化。

▲ 运笔方向

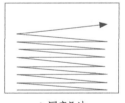
▲ 国产凡迪

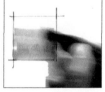

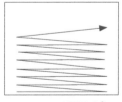
▲ TOUCH 5代

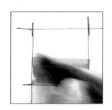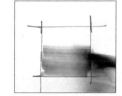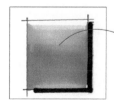

要想使先画的颜色和后画的颜色融合，就必须趁颜色没干之前再添加补笔。

边缘处理 在一些严谨的画面中可以使用纸胶带粘住结构线，再用马克笔绘画，这样边缘会特别整齐，或在场景中用后面的重色压住前面超出部分的颜色。

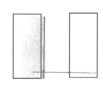
▲ 另外一种边缘处理的方法就是用重色去压，将浅色盖住

6.1.7 马克笔体块叠加运笔

马克笔叠加是手绘中最常用的一种方法，是体现空间感、层次感和对比的最好方式。实际绘画时往往是在第一次铺色后再铺上一层或两层颜色，要根据实际画面的需要来决定。

常见错误

▲ 上色太满，特别浪费马克笔，会造成画面不透气

▲ 细笔触太多，给人画面乱的感觉，会影响建筑的结构

▲ 第一遍的颜色未干，尽量不要上第二遍、第三遍，否则会使画面有闷的感觉

> ✎ 提示
>
> 在用马克笔上色时，必须等第一遍的颜色干了，再叠加第二遍颜色。如果第一遍的颜色还没有固定在纸上就画第二遍，颜色会出现互融，造成笔触边界不明显，画面也特别乱。注意云除外，绘制云则需要等没有干时就上第二遍颜色。

正确方法

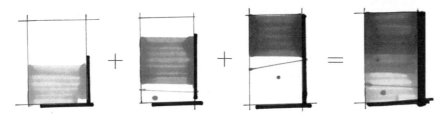

| 范例 | 3种马克笔上色过程

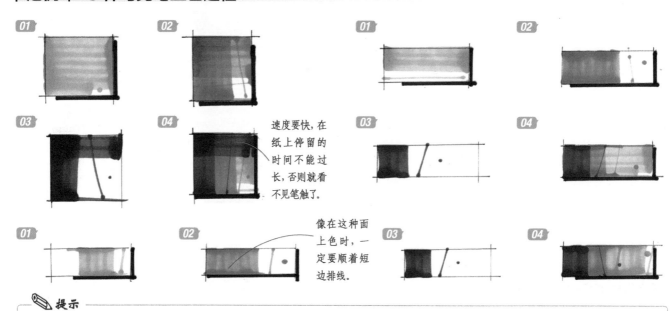

速度要快，在纸上停留的时间不能过长，否则就看不见笔触了。

像在这种面上色时，一定要顺着短边排线。

> ✎ 提示
>
> 颜色叠加一般是先上浅色，再上过渡色，最后上重色。每个层次颜色的笔触间不要有过多的重叠区域，否则会造成浪费和画面发闷。

6.1.8 马克笔体块的明暗关系

马克笔体块上色首先表现的是光影关系，又叫作明暗关系。明暗关系分为亮部、灰部、暗部、投影。

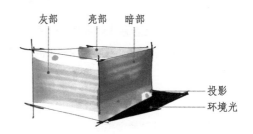

亮部 亮部的上色中周围环境的影响及材质本身的反射程度来决定，亮部的笔触表现为垂直线亮部处理和飘线亮部处理。

垂直线亮部处理 用来表现反射、折射较强的材质。

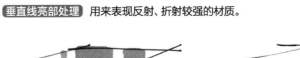

▲垂直线　　　　　　▲飘线（在笔头一样宽的地方开始画飘线，速度要快）

灰部 是从中间向两边过渡，面不能满，灰部和暗部 定要有连续性。

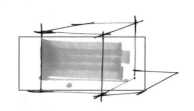

暗部 在处理上要注意过渡，同时注意环境光的影响。为了避免暗部发闷，一般在画第一遍颜色时是从中间向下过渡的，上部留出来给重色。

投影 一般是画面中色调最重的区域。

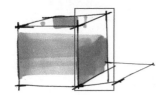
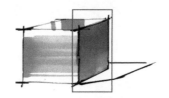
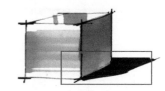

简单体块的明暗

下面，介绍马克笔体块上色的运用。在景观设计专业的效果图绘制中，体块的灰部、暗部的渐变过渡一般是从下往上的，这样就与常规暗部的处理有一定的冲突。景观设计专业的暗部是下重上浅的渐变，这样处理可以使建筑显得沉稳、厚重。

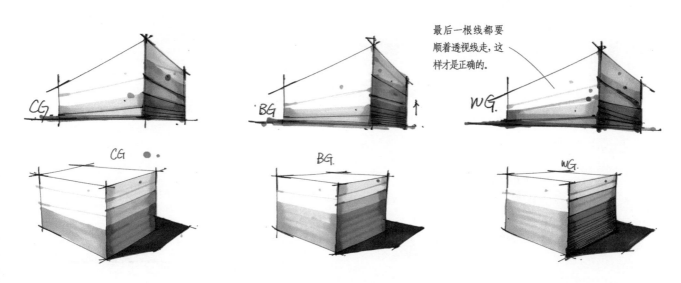

6.2 马克笔体块上色

马克笔体块上色首先要考虑光影关系，包含亮部、灰部、暗部和投影。同时还要考虑体块间互相的关系，以及体块与环境之间的关系。体块间的搭配原则：浅色—重色、冷色—暖色。

6.2.1 体块光影

体块光影除了考虑亮部、灰部、暗部和投影这4个部分，还应该有环境色的影响，这样可以使体块与环境的过渡显得更加自然。组合体块一般使用色差较大的马克笔，使组合体块的对比更加强烈。每个面的留白区域可以用相应的马克笔进行过渡。

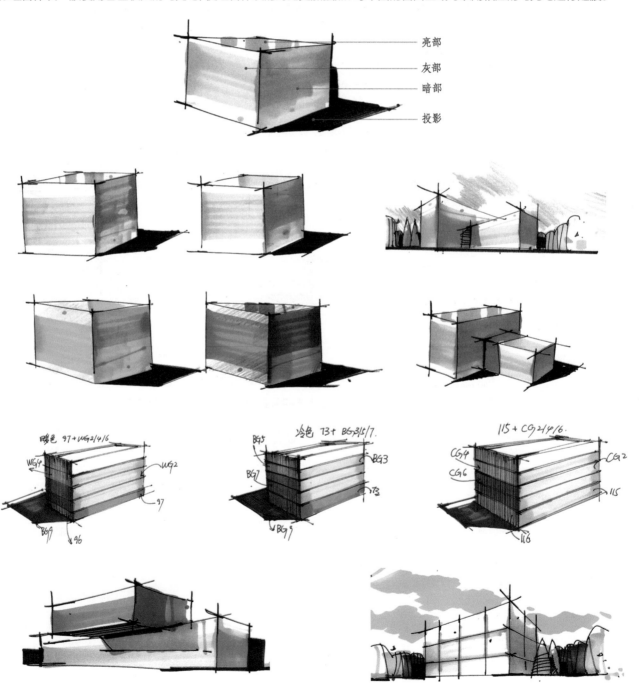

6.2.2 体块应用

马克笔的绘制体块训练是基于体块上色的, 通过绘制体块的练习可以使手绘者在塑造形体及材质搭配上有很大的提高。对于不同的体块, 马克笔的笔触要随体块的变化而变化。绘制投影是强化体块转折与厚重感的重要手段。

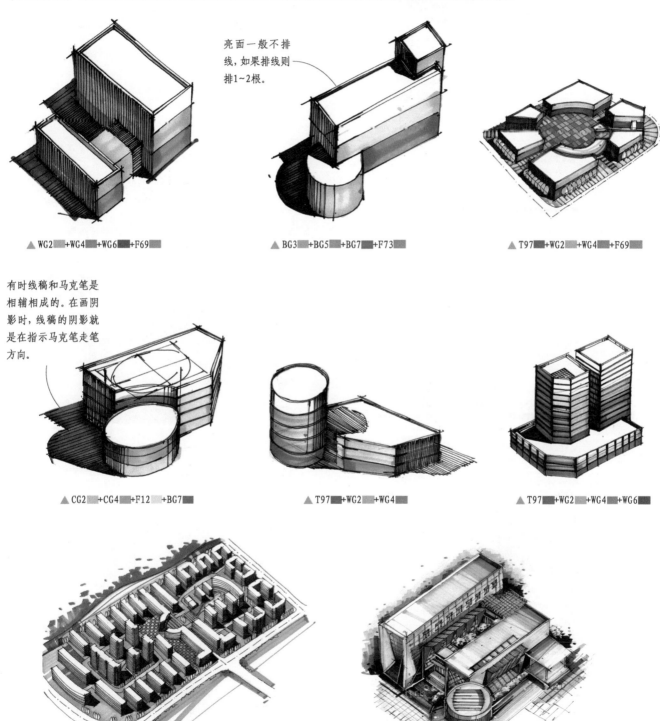

亮面一般不排线,如果排线则排1~2根。

▲ WG2 +WG4 +WG6 +F69

▲ BG3 +BG5 +BG7 +F73

▲ T97 +WG2 +WG4 +F69

有时线稿和马克笔是相辅相成的。在画阴影时,线稿的阴影就是在指示马克笔走笔方向。

▲ CG2 +CG4 +F12 +BG7

▲ T97 +WG2 +WG4

▲ T97 +WG2 +WG4 +WG6

▲ 马克笔在体块中的运用

▲ F47 +F143 +F69 +T97 +T96 +F98

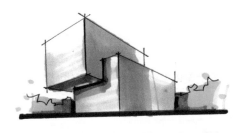

▲ CG2 +CG4 +CG6 +BG3 +BG5 +F98

整个画面中的斜线
和点不能太多。

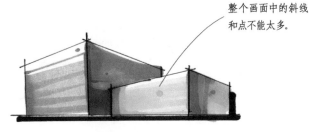

▲ T97 +T68 +F98

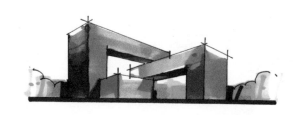

▲ BG3 +BG5 +BG7 +WG2 +WG4 +WG6 +F98

给圆柱体上色，注
意一定要画出它的
膨胀感。

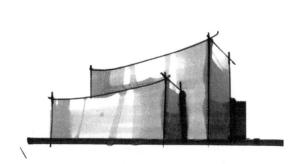

▲ WG2 +WG4 +WG6 +F98

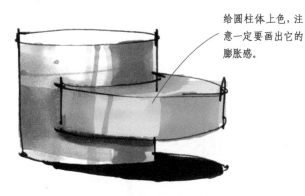

▲ BG3 +BG5 +F98

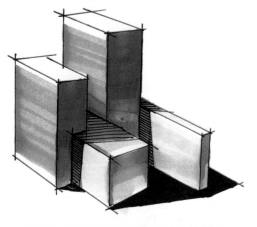

▲ BG3 +BG5 +F69 +T97 +T96 +F98

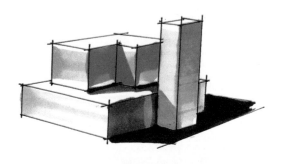

▲ BG3 +BG5 +BG7 +F98

▲ 马克笔在体块中的运用

 提示

在为一个体块上颜色时，必须用一套颜色，不能混用。如暖灰色的浅色配冷灰的深色，这样是绝对不允许的。

| 范例 | 4种体块的上色

范例1

01 先勾画上下体块的外形。

02 选用BG3■画出体块的底色。

03 再用BG5■画出暗面的底色。

04 最后用BG7■和BG9■叠加出体块的颜色和投影。

范例2

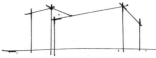  

01 先画出左右体块的关系。

02 接着用CG2■描绘出正面的浅色。

03 再用CG4■画出暗面的底色。

04 最后用CG6■画出暗面最重的部分。

范例3

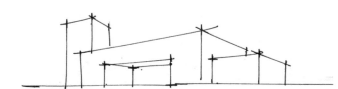 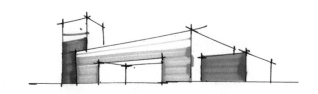

01 先画出前后左右的体块。

02 再用WG2■、T96■和T97■铺底色。

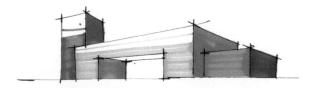 

03 然后用WG4■、T96■和T97■给暗面上色。

04 最后用WG6■、T96■和勾线笔加重暗面的颜色。

范例4

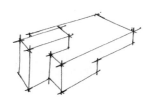   

01 先画出体块的穿插关系。

02 然后用WG2■画出亮面的底色。

03 接着用WG4■绘制出暗面的颜色。

04 最后用F98■画出暗面和投影的关系。

6.3 马克笔材质表现

　　用马克笔表现材质是绘制一幅图的基础，不同的材质颜色搭配较为讲究。材质不能完全按照画面或实景的颜色来搭配，我们可以根据自己对色彩的理解来调节画面，如玻璃可以不用蓝色系、植物可以用红色系等。如果要按照实景上色就要考虑颜色搭配的色差等问题，可以适当调节色相的明度来达到使画面和谐的目的。

6.3.1 易出现的错误

　　易出现的错误是色相不对。例如，实景所见的建筑的墙面或顶面是大红色的就直接用了大红色。遇到这种情况要降低它的明度，一般是用WG的色系加红色的彩色铅笔，或者是T9加彩色铅笔。

▲ 多种颜色叠加，画面发闷、显得脏。

6.3.2 景观色彩常用搭配

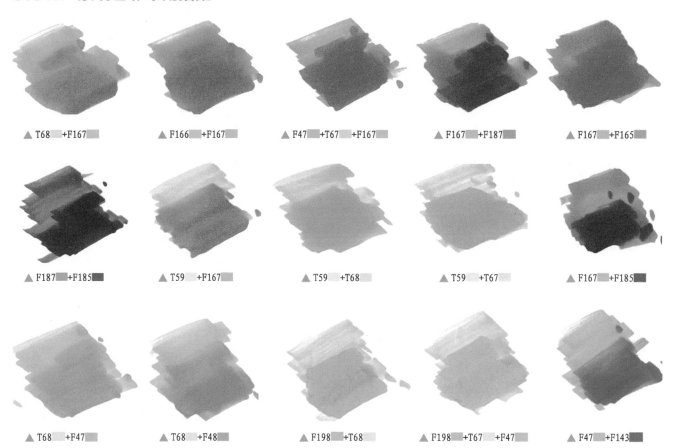

▲ T68 +F167　　▲ F166 +F167　　▲ F47 +T67 +F167　　▲ F167 +F187　　▲ F167 +F165

▲ F187 +F185　　▲ T59 +F167　　▲ T59 +T68　　▲ T59 +T67　　▲ F167 +F185

▲ T68 +F47　　▲ T68 +F48　　▲ F198 +T68　　▲ F198 +T67 +F47　　▲ F47 +F143

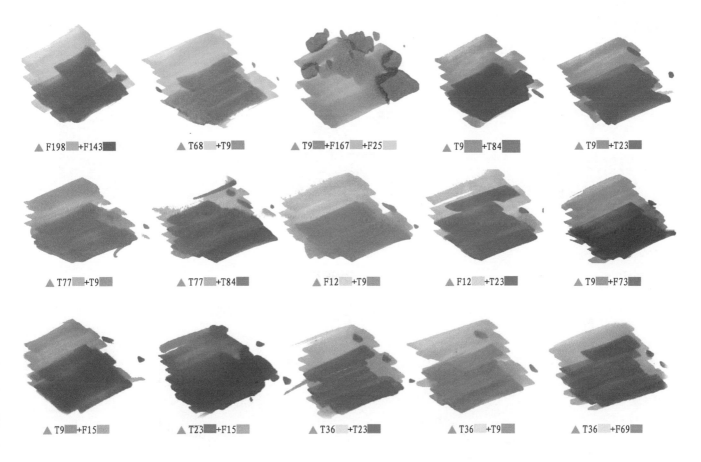

▲ F198 +F143 ▲ T68 +T9 ▲ T9 +F167 +F25 ▲ T9 +T84 ▲ T9 +T23

▲ T77 +T9 ▲ T77 +T84 ▲ F12 +T9 ▲ F12 +T23 ▲ T9 +F73

▲ T9 +F15 ▲ T23 +F15 ▲ T36 +T23 ▲ T36 +T9 ▲ T36 +F69

以上的颜色搭配是经常使用到的，在这个基础上可以再添加一些颜色进行搭配，使画面更加丰富。

6.3.3 常见材质表现

在园林景观中，建筑体本身的材质种类并不多，经常是以玻璃、石材、木材、砖、混凝土为主。以下所提到的马克笔的色号只是基本色号，可以根据实际情况添加色号。

白色墙面材质

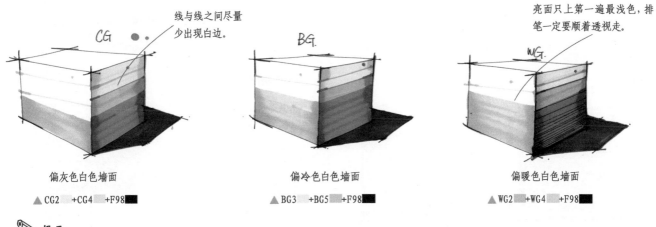

线与线之间尽量少出现白边。

亮面只上第一遍最浅色，排笔一定要顺着透视走。

偏灰色白色墙面　　　　　　　　　偏冷色白色墙面　　　　　　　　　偏暖色白色墙面

▲ CG2 +CG4 +F98 　　　▲ BG3 +BG5 +F98 　　　▲ WG2 +WG4 +F98

✎ 提示

　　白色墙面用哪种颜色是根据整体及周围的环境光来搭配的。如果对比不强，可以用同色系中稍重的颜色来突出对比。

木材质

为了使木头更加生动，必须先画木纹线。

画出边楞上的高光。

注意不要忘记画出细节。

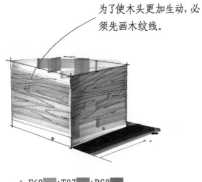 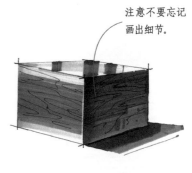

▲ F69 +T97 +BG9

▲ F69 +T96 +BG9

▲ T97 +T96 +BG9

玻璃材质

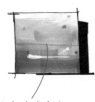

方案1: T67 +T76 +F143

方案2: F47 +T77 +F143

注意玻璃窗也要画出亮面、灰面和暗面。

大理石

方案1: F205 +F12

方案2: F201 +F12

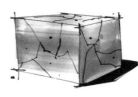

▲ F12 +F201 +
C409

青砖材质

灰部: F205 +BG3 +CG2 +WG3 +
BG5

暗部: BG3 +BG5 +CG4 +WG5 +
BG7

红砖材质

灰部: F205 +F12 +F95 +F69 +WG2 +
CG2 +BG3

暗部: F12 +F69 +T97 +WG4 +CG4 +
BG5

文化石

▲ BG3 +BG5

▲ WG2 +F12 +T9 +F201

石材墙面

材质的纹理都要表现出来。

▲ F12 +T36 +C414 +C409

▲ F12 +T36 +F69

马赛克

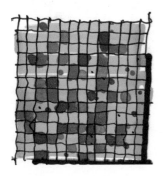 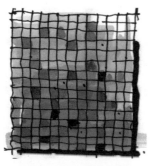

▲ F47 +T67 +F69 +T9 +
F143 +F167

▲ T9 +F48 +F69 +WG2 +
C409

鹅卵石

▲ T25 +CG3 +BG3 +BG7

▲ T97 +F69 +CG2 +WG4 +F47 +T67 +T77

草地

方案1: F25 +F166 +F167

方案2: F25 +T59 +T47

往下运笔的时候，
速度要快，并且画
长一点。

▲ T59 +F25 +F167 +F187 +BG3 +BG5

动态水

方案1: T67 +T77 +T76 +高光

方案2: F47 +T77 +F143 +高光

静态水

水面必须要画出高光部分。

方案1: T67 +T77 +T76 +高光

方案2: F47 +T77 +F143 +高光

跌水

往下运笔的时候，速度要快，并且画长一点。

▲ T67 +T76 +F48 +F143

▲ F48 +T76 +F143

涌泉

▲ T67 +F143 +T25

▲ T67 +F143 +T59

▲ T67 +T76

▲ T67 +F143 +T59

▲ T67 +F143 +T59

▲ T67 +T76

▲ T67 +T76 +T68

6.4 植物上色

植物是景观中重要的组成部分,它在画面中起到了过渡的作用。植物的颜色不能强于建筑的颜色,植物上色要注意笔触方向及前后关系的表达。植物按茎的形态分为乔木、灌木、草本植物和藤本植物等。植物的表现将直接影响到整幅作品,因此要着重练习。

植物的单体线稿一定要过关,不要将希望寄托于上色,上色始终只是辅助线稿的。植物单体上色分为4个部分,即亮部、过渡部分、暗部和反光部分。上色时要先确定主色调,再根据相关颜色进行颜色搭配,同时注意亮部的上色要留白。

| 范例1 | 斜笔触上色

斜笔触上色方法是很多学习者使用的方法,此方法的不足之处是笔触容易乱且颜色过渡不自然,特别是在刻画较大体形的植物时会出现很多问题,因此现在我们很少使用这种方法。

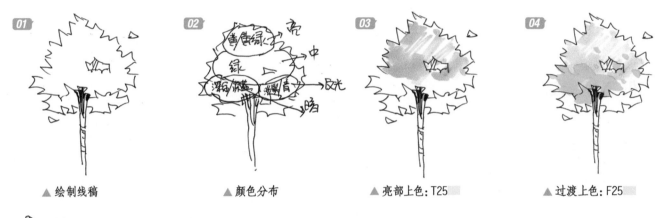

▲ 绘制线稿 　　　　　▲ 颜色分布 　　　　　▲ 亮部上色: T25 　　　　　▲ 过渡上色: F25

> ✎ 提示
>
> 在起笔上色时,应先在纸上试一试笔的好坏。另外,颜色一定要画得柔和一点,对比不要太强烈,这样画面看起来比较和谐。

一定要揉着画,使颜色过渡自然。

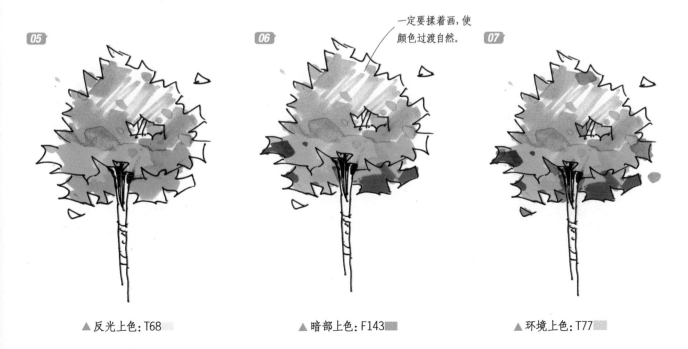

▲ 反光上色: T68 　　　　　▲ 暗部上色: F143 　　　　　▲ 环境上色: T77

| 范例 2 | 暖色调上色

　　新笔在上色时，排笔速度要快，这样能看清笔触感，且画出的颜色过渡比较自然。在植物的后面和暗部，画出的笔触要碎一些，画得要多一点，也就是亮部变化很少，暗部变化多且丰富，这样就形成了对比。

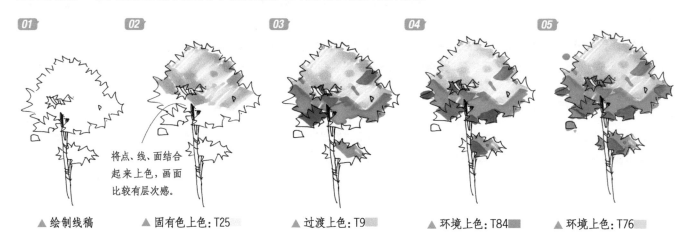

将点、线、面结合起来上色，画面比较有层次感。

▲ 绘制线稿　　　　▲ 固有色上色：T25　　　　▲ 过渡上色：T9　　　　▲ 环境上色：T84　　　　▲ 环境上色：T76

| 范例 3 | 绿色系上色

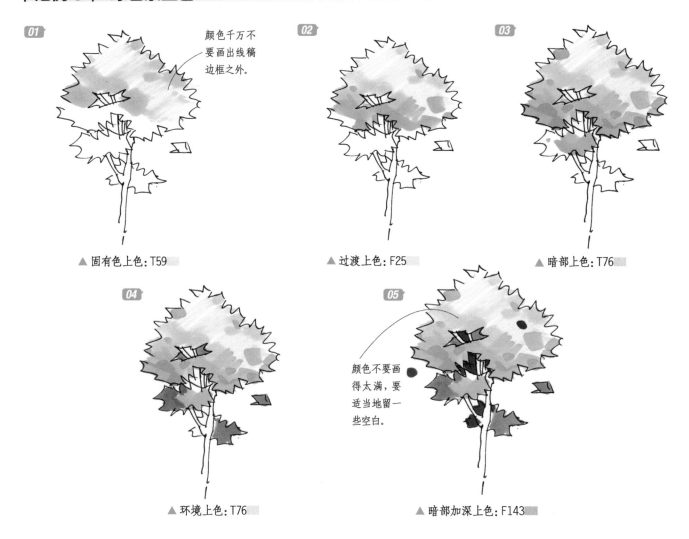

颜色千万不要画出线稿边框之外。

▲ 固有色上色：T59　　　　　▲ 过渡上色：F25　　　　　▲ 暗部上色：T76

颜色不要画得太满，要适当地留一些空白。

▲ 环境上色：T76　　　　　　▲ 暗部加深上色：F143

| 范例 4 | 冷色调上色

01

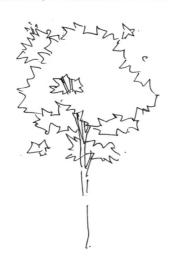

▲ 绘制线稿

02

▲ 亮部上色：T68

03

▲ 过渡上色：T67

04

▲ 暗部上色：F143

05

▲ 暗部加深上色：F145

06

树的暗部可以
加一些偏灰、
偏冷的颜色。

▲ 环境上色：T84 +F98

其他植物上色表现

▲ T59 +T68 +F167

▲ T59 +T68 +F167

▲ T59 +F166 +F167

 提示

植物上色不用太注重颜色的搭配，只要体现出植物的明暗关系即可。

| 范例5 | 表现植物生长的笔触上色

这种笔触方法最能体现植物的生长趋势，而且笔触、颜色的渗透都好把握，这也是设计公司常用的方法。

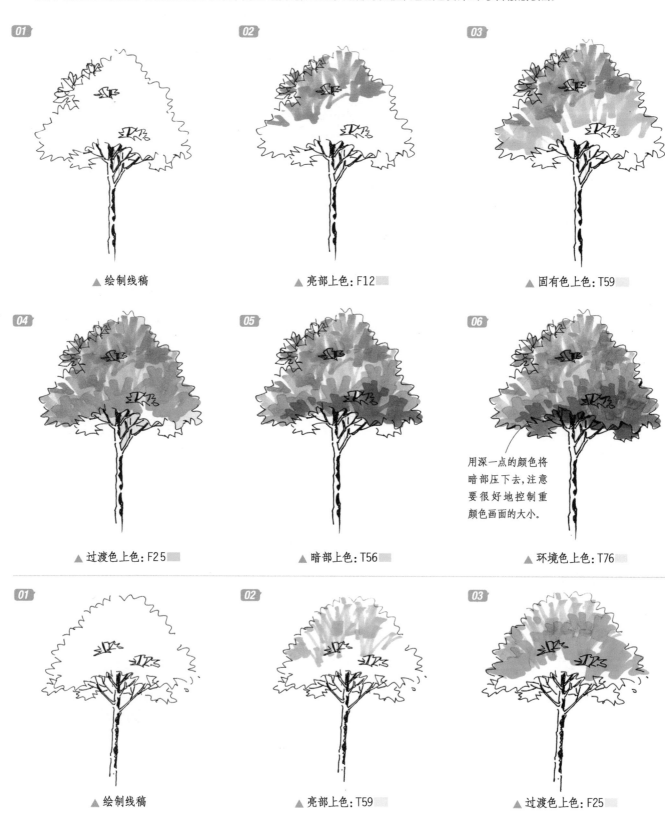

▲ 绘制线稿

▲ 亮部上色：F12

▲ 固有色上色：T59

▲ 过渡色上色：F25

▲ 暗部上色：T56

▲ 环境色上色：T76

用深一点的颜色将暗部压下去，注意要很好地控制重颜色画面的大小。

▲ 绘制线稿

▲ 亮部上色：T59

▲ 过渡色上色：F25

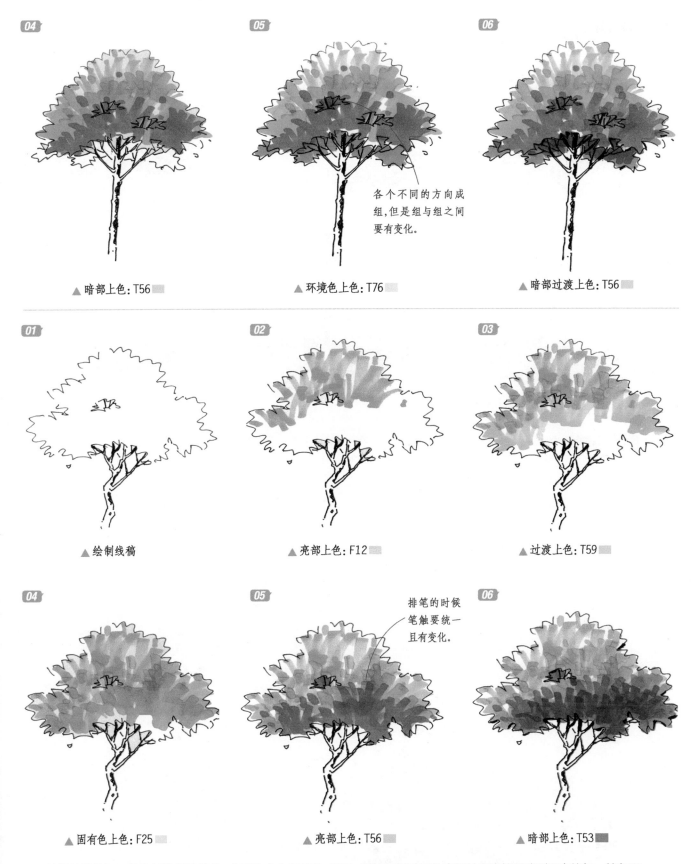

04 ▲ 暗部上色: T56

05 各个不同的方向成组, 但是组与组之间要有变化。▲ 环境色上色: T76

06 ▲ 暗部过渡上色: T56

01 ▲ 绘制线稿

02 ▲ 亮部上色: F12

03 ▲ 过渡上色: T59

04 ▲ 固有色上色: F25

05 排笔的时候笔触要统一且有变化。▲ 亮部上色: T56

06 ▲ 暗部上色: T53

植物的结构源于其生长的规律特性, 在写生中应多观察。树干、树枝和树叶间的穿插关系直接影响到画中的每一笔色彩。

复杂植物的画法

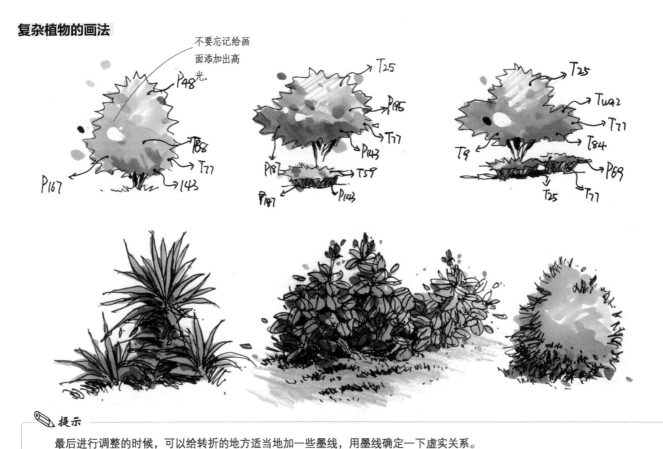

✏️ **提示**

　　最后进行调整的时候，可以给转折的地方适当地加一些墨线，用墨线确定一下虚实关系。

叶片的转折
要表现出来。

注意表现出叶
片的厚度。

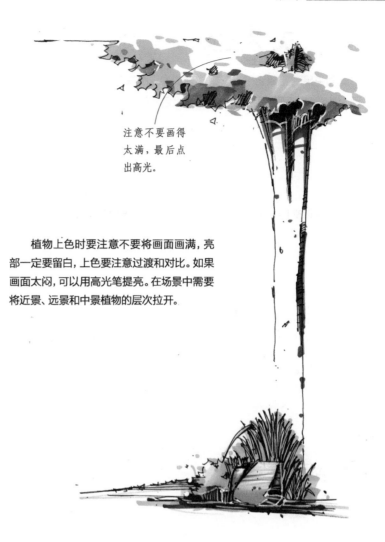

注意不要画得
太满，最后点
出高光。

植物上色时要注意不要将画面画满，亮
部一定要留白，上色要注意过渡和对比。如果
画面太闷，可以用高光笔提亮。在场景中需要
将近景、远景和中景植物的层次拉开。

加重石头的
暗面颜色。

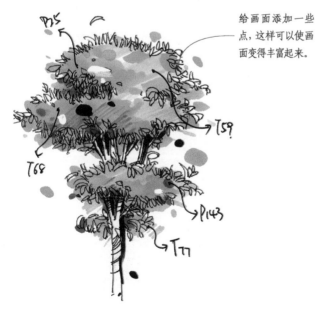

给画面添加一些
点，这样可以使画
面变得丰富起来。

▲ F25 +T68 +T59 +T77 +F143 +F98 +高光

▲ F167 +F186 +F143 +F98 +高光

195

6.5 天空上色

　　画面中是否需要天空是根据画面的构图来决定的，不同景观风格的用线选择不尽相同，也没有统一的标准。如果景观效果图需要上色，可以不画线稿的天空。天空上色一般是在线稿的最后一步进行，这对作者的艺术修养有一定的要求。

6.5.1 彩色铅笔天空上色

1. 循环线的天空

　　在与建筑交接处循环绕线，按"S"形或"Z"形从密到疏、从宽到窄地画。

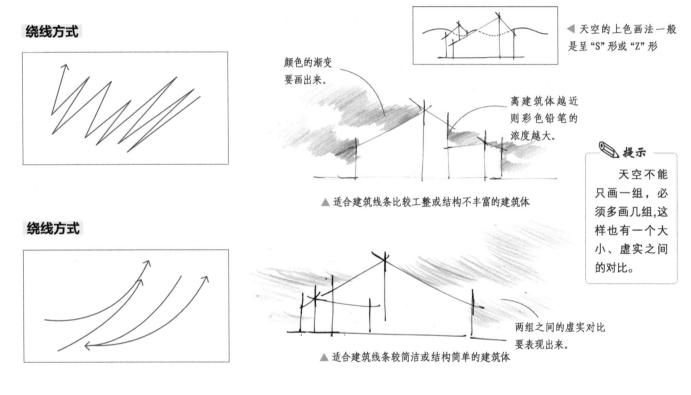

绕线方式

颜色的渐变要画出来。

▷ 天空的上色画法一般是呈"S"形或"Z"形

离建筑体越近则彩色铅笔的浓度越大。

▲ 适合建筑线条比较工整或结构不丰富的建筑体

绕线方式

两组之间的虚实对比要表现出来。

▲ 适合建筑线条较简洁或结构简单的建筑体

> ✎ 提示
>
> 　　天空不能只画一组，必须多画几组，这样也有一个大小、虚实之间的对比。

2. 乱线的天空

　　由不规则的线条组成。

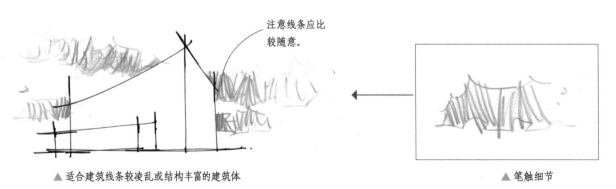

注意线条应比较随意。

▲ 适合建筑线条较凌乱或结构丰富的建筑体

▲ 笔触细节

用彩色铅笔为天空上色时，应根据画面的需要来决定彩色铅笔的走势，一般呈"S"形或"Z"形。如果与其他景观的对比不强烈，可以用重色彩色铅笔加深天空。

6.5.2 马克笔天空上色

1. 绕线方式上色

用植物的绕线方式对天空进行部分上色，一般是由两种颜色进行搭配，在绕线时弧度不能过大，而且要有虚实变化。

2. 飘笔方式上色

在天空面积较小时，适合使用飘笔上色方法。用灰蓝色可以使天空褪晕到画面，和前面的空间形成对比。

3. 斜循环线方式上色

用斜循环线方式为天空上色时，对排线的要求较高，排线要求短而密。

第 7 章

高大乔木种植

临水灌木.

平面、立面上色

7.1 平面植物上色

在平面图中物体的比例与整体一致，因此在上色时先根据指南针确定光源的方向，同时调节投影的虚实变化，然后确定平面图中所有物体的基本色进行整体铺设，最后再用重色画出暗部及投影，使平面图有立体感。在立面图中给物体上色只需要把握物体的前后关系及虚实关系即可。

给景观规划平面图中的物体上色时，图中的植物较小但面积较大，因此一般上色时使用单色，可以用投影的重色来体现立体感。

居住区平面图的面积比景观规划平面图的面积小，且平面图较为详细，因此在上色时植物一般用内种颜色搭配，这样可以使画面的细节更加丰富。

别墅的平面图或立面图在线稿上表现得较为详细，所以在上色时应使用2~3种颜色进行搭配。

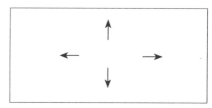

▲ 平面图上色方向

✎ 提示

平面图上色一般是从中间向四周进行渐变上色。

单个平面植物的上色

建议初学者使用国产TOUCH 5代和国产凡迪的马克笔。这两个品牌的性价比高，可以等熟练后再使用更好的马克笔。在颜色选择上则按照色相、明度和色彩冷暖关系的原则进行搭配。下面，列举了部分马克笔的笔号，同时还可以再添加其他颜色。

T表示TOUCH 5代　F表示国产凡迪

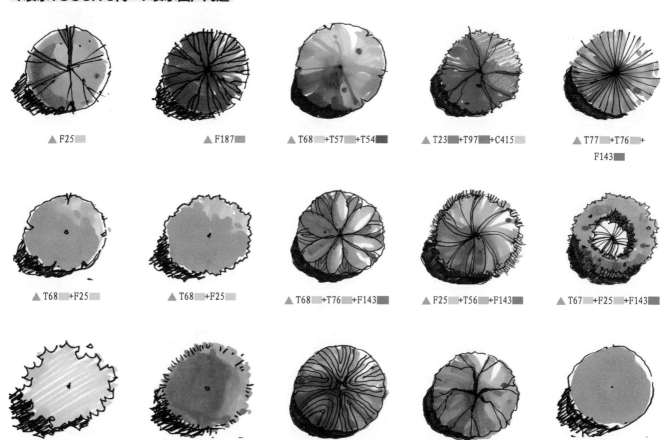

▲ F25　　　　　▲ F187　　　　　▲ T68 +T57 +T54　　　▲ T23 +T97 +C415　　　▲ T77 +T76 + F143

▲ T68 +F25　　　▲ T68 +F25　　　▲ T68 +T76 +F143　　　▲ F25 +T56 +F143　　　▲ T67 +F25 +F143

▲ F27　　　　　▲ T68 +F165　　　▲ T25 +F187 +F143　　　▲ F25 +T56 +T76　　　▲ F25

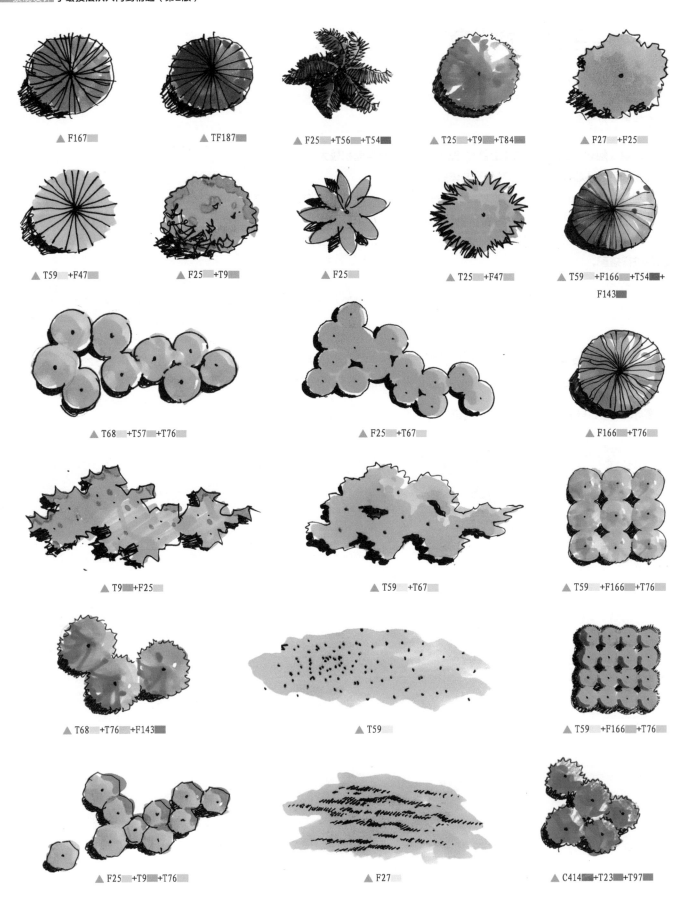

▲ F167

▲ TF187

▲ F25 +T56 +T54

▲ T25 +T9 +T84

▲ F27 +F25

▲ T59 +F47

▲ F25 +T9

▲ F25

▲ T25 +F47

▲ T59 +F166 +T54 +F143

▲ T68 +T57 +T76

▲ F25 +T67

▲ F166 +T76

▲ T9 +F25

▲ T59 +T67

▲ T59 +F166 +T76

▲ T68 +T76 +F143

▲ T59

▲ T59 +F166 +T76

▲ F25 +T9 +T76

▲ F27

▲ C414 +T23 +T97

| 范例 1 | 6 种单个平面植物的上色

01

▲ 勾勒线稿　　　　　　　　　　　▲ 平面上色C415■+F25■+T56■

▲ 阴影上色T76■+F166■+F165■　　　▲ 描绘细节T23■+F187■+F166■+T54■

02

▲ 勾勒线稿　　　　　　　　　　　▲ 平面上色C415■+F25■+T77■

▲ 阴影上色C415■+T77■+F165■　　　▲ 描绘细节F166■+T9■+T84■+T56■

03

▲ 勾勒线稿　　　　　　　　　　　▲ 平面上色C415■+F25■

◀ 阴影上色C415■+F25■

◀ 描绘细节C415■+F25■+T97■+
　F165■+T84■+T77■+T54■

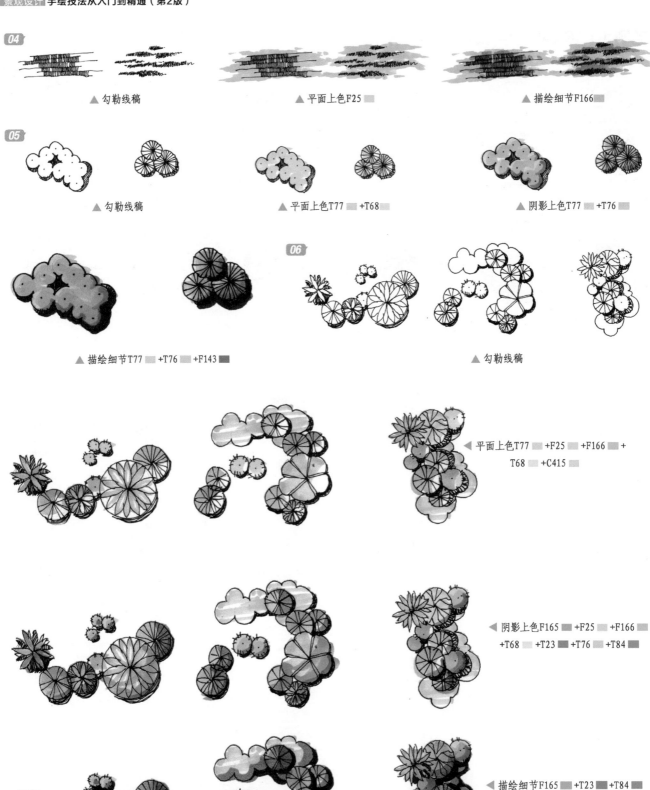

04

▲ 勾勒线稿　　　　　　　　　▲ 平面上色F25 ■　　　　　　　　　▲ 描绘细节F166 ■

05

▲ 勾勒线稿　　　　　　　　　▲ 平面上色T77 ■ +T68 ■　　　　　　　　　▲ 阴影上色T77 ■ +T76 ■

06

▲ 描绘细节T77 ■ +T76 ■ +F143 ■　　　　　　　　　▲ 勾勒线稿

◀ 平面上色T77 ■ +F25 ■ +F166 ■ + T68 ■ +C415 ■

◀ 阴影上色F165 ■ +F25 ■ +F166 ■ +T68 ■ +T23 ■ +T76 ■ +T84 ■

◀ 描绘细节F165 ■ +T23 ■ +T84 ■

|范例 2| 景观平面图练习 1

总平面图与节点大样图的区别是总平面图看的是设计思维及总体规划的布置, 注重的是整体, 以达到中心点突出、功能明确且植物的搭配合理有序的效果; 节点大样图注重的是细节的表现, 如铺装的细化、植物的细化, 以表示系统的明确性。

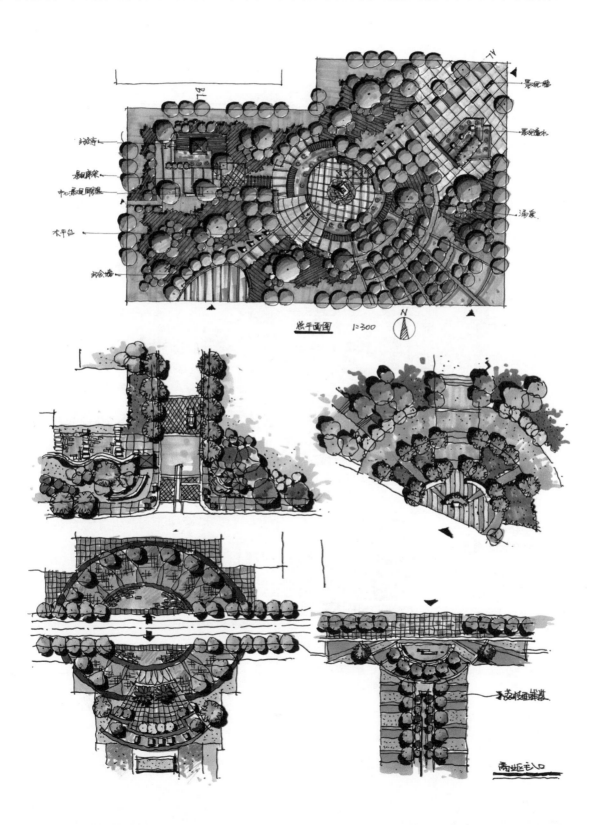

| 范例 3 | 景观平面图练习 2

本平面图的主入口在南侧，次入口位于西侧停车场处。入口处运用了中国园林的含蓄思想，先步入一座小桥，随后的景观让人豁然开朗。在建筑正入口的前方，是中心景观的设置处。整个设计都充满了趣味性，让人们更好地在其中工作、交流、观赏。

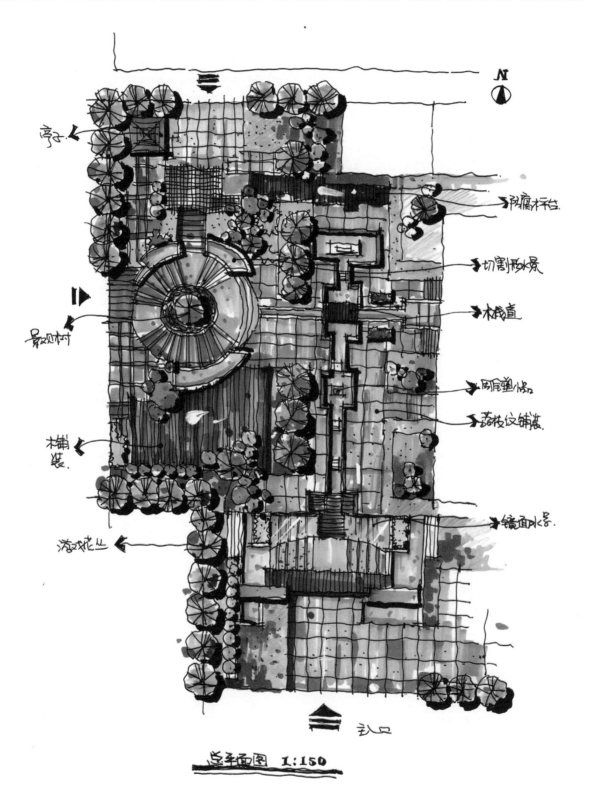

总平面图 1:150

| 范例 4 | 景观平面图练习 3

　　小面积的景观广场要做到功能清晰，不要过于复杂，中心区域是人们的主要活动空间，设施丰富、休息设备完备，能够吸引人们在此交流、休息、游玩。

| 范例5 | 景观平面图练习4

　　此景观位于建筑的中间，主要是供大家休息、游玩、观赏，还可以美化小区环境。主入口位于西侧，景观中心的节点以水景、木栈道和小广场为主，周边有3块大面积的景观绿地，供大家休闲、观赏。

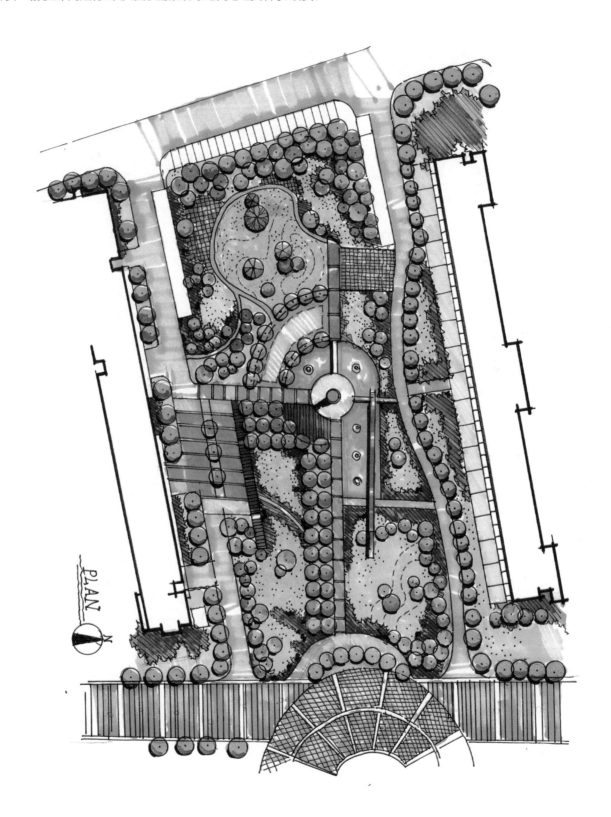

| 范例 6 | 景观平面图练习 5

此景观位于道路旁的公园入口处, 植物布置合理有序, 入口处可以供车辆临时停靠。

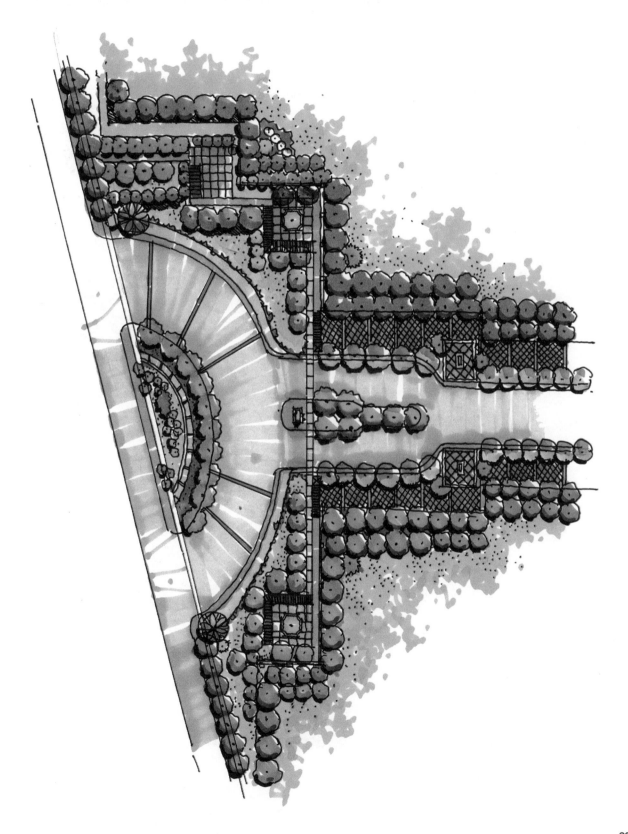

7.2 立面、剖面图上色

立面图和剖面图是快题方案中必不可少的，重点考察作者的设计思路及设计分析能力，因此比例要准确，标注、标高和注解等要详细。立面图、剖面图与总平面图的联系要密切，且在平面图上要注明看点或剖面。

7.2.1 立面图

立面图是设计物及其周围环境的垂直面投影图，通常是观赏者站立于景物左面所看得到的画面。

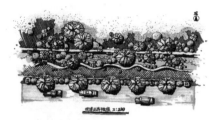

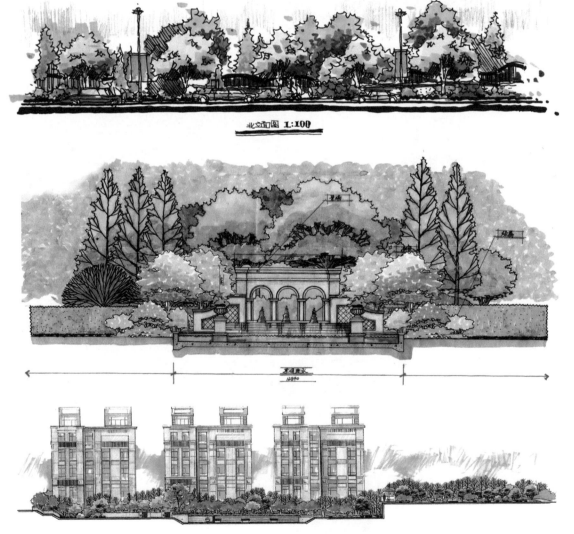

✏️ **提示**

画立面图时要注意平面图的比例，并根据其进行换算。要考虑植物的高度，以及建筑与构筑物之间的关系。

| 范例1 | 立面图上色1

01 先整体地勾画出立面图的线稿，注意细节要勾勒到位，要简单地表现出线稿的体积感。

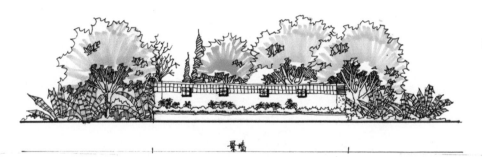

02 选用C415██、F25██、T68██和T9██给立面图整体铺上底色，笔触的运用要表现到位。

03 然后再用T23██、F166██、T76██和T77██叠加出配景的颜色层次。

04 最后用F143██、T23██和F166██丰富立面图的颜色。

| 范例2 | 立面图上色2

01 先画出前面配景的植物，注意把握好前后之间的关系。

02 开始给线稿铺底色，先选用C415■、F25■、T68■和T9■给植物铺上底色。

03 再选用T23■、C415■、F166■和T76■调整画面的整体层次感。

04 最后用F143■、T23■和F166■加重暗面的颜色，突出立面图的体积感。

| 范例3 | 立面图上色3

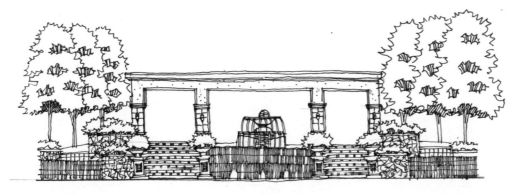

01 从整体出发,画出线稿。注意细节部分要表现到位,便于表现出体积感。

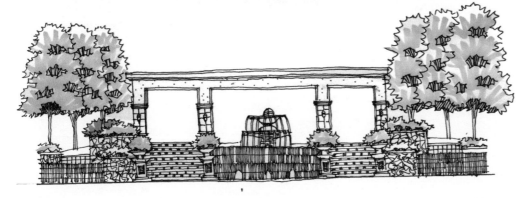

02 线稿完成后,接下来选用T59、C415铺底色。

03 接着选用T76、T97继续给建筑物上色。

04 然后再用F166、T76、F143和T23表现出它的体积感。

7.2.2 剖面图

假想出一个剖切面，将物体进行铅垂剖切，其断面的垂直投影图即剖面图。剖面图可以便于使人理解内部的结构和内容。

7.2.2.1 设计公司剖面图风格

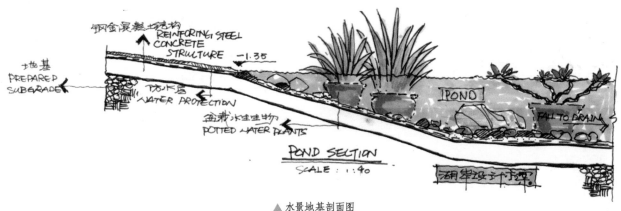

▲ 水景地基剖面图

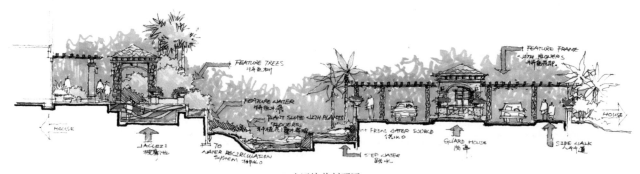

▲ 公园地基剖面图

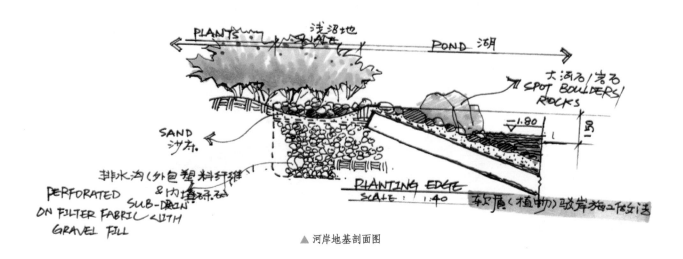

▲ 河岸地基剖面图

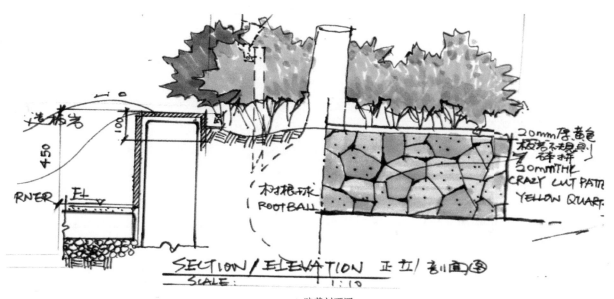

SECTION/ELEVATION 正立/剖面图
SCALE: 1:10

20mm厚黄色板岩不规则碎拼
20mmTHK CRAZY CUT PATT YELLOW QUART.

村规球
ROOTBALL

RNER 土

▲ 院落剖面图

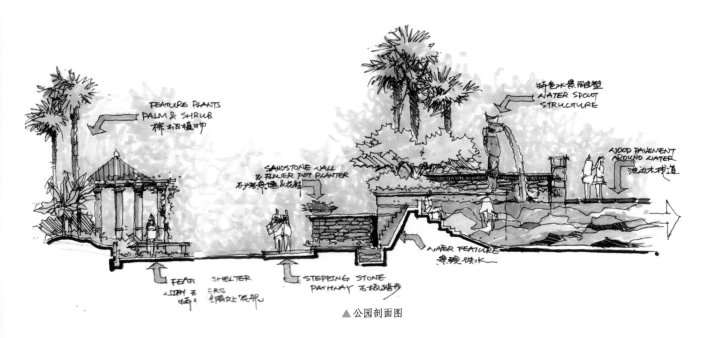

FEATURE PLANTS PALM & SHRUB
棕榈植物

特色水景雕塑
WATER SPOUT STRUCTURE

SANDSTONE WALL & FLOWER POT PLANTER
砂岩景墙&花钵

WOOD PAVEMENT AROUND WATER
池边木栈道

FEAT. SHELTER <IBH ERS
特 遮雨处花架

STEPPING STONE PATHWAY 石板踏步

WATER FEATURE
景观跌水

▲ 公园剖面图

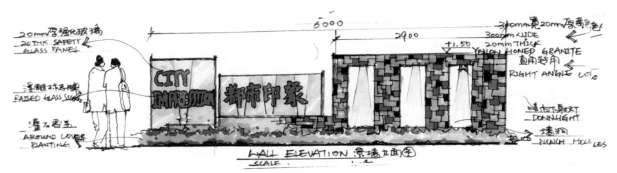

20mm厚钢化玻璃
20 THK SAFETY GLASS PANEL

抬高玻璃字
RAISED GLASS SIGN

灌木君玉
GROUND COVER PLANTING

6000

2900

+1.50

300mm宽20mm厚黄色
300mm WIDE 20mm THICK YELLOW HONED GRANITE
直角转角
RIGHT ANGLE LOIO

射灯灯
DOWNLIGHT

墙洞
PUNCH HOLELES

CITY IMPRESSION 都市印象

WALL ELEVATION 景墙立面图
SCALE: 1:1

▲ 小区入口剖面图

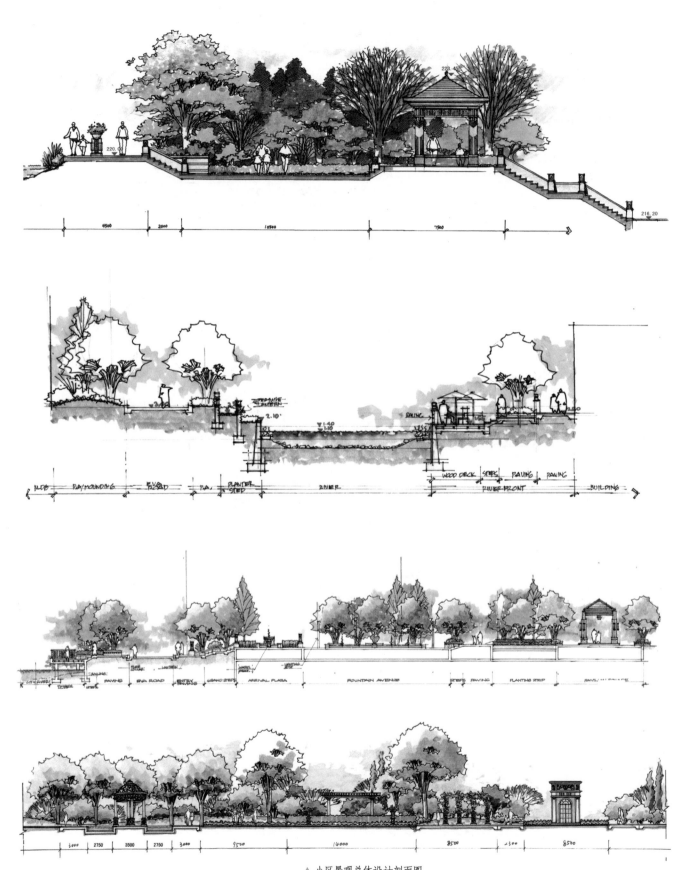

▲ 小区景观总体设计剖面图

7.2.2.2 考试剖面图风格

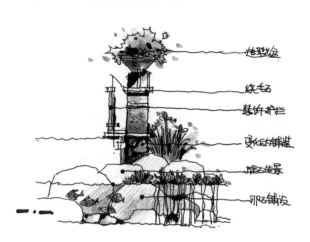

▲ 景观小品剖面图

▲ 亲水平台剖面图

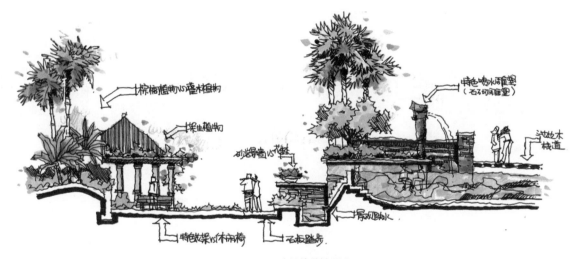

▲ 小区景观剖面图

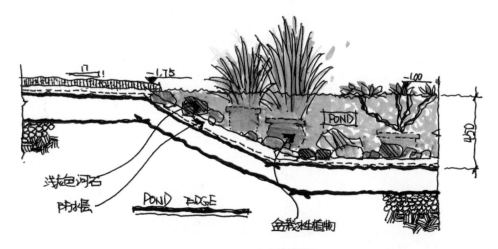

▲ 水景剖面图

 提示

　　剖面图一定要画剖切，要尽量剖切重点的景观节点或有水体的部分，剖切不到的地方则是看见什么画什么。

| 范例 1 | 剖面图上色 1

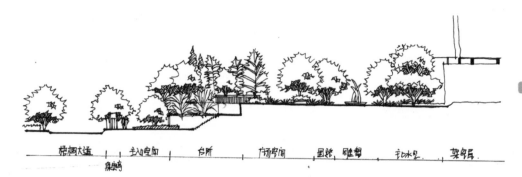

在画剖面图的时候，思路一定要清楚，能从平面的思维里转变过来，这样画剖面图就比较容易上手。

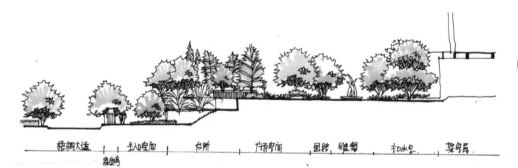

02 开始给剖面图上色。先选用T59、T25、T9和T68给植物上色，注意底色不能全部平铺。

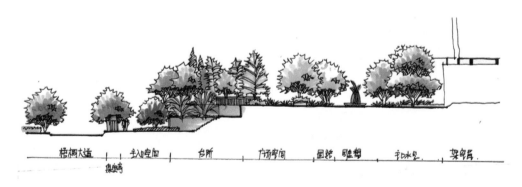

03 接着选用F166、T23、T76表现出植物的暗面颜色。

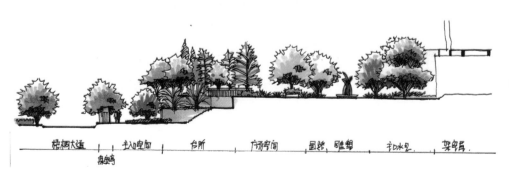

04 最后再用T54、T76、T23整体调整，表现出体积感。

|范例2| 剖面图上色2

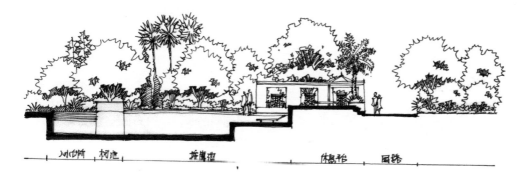

01 画出完整的剖面图,注意剖面的凹凸感要表现准确。

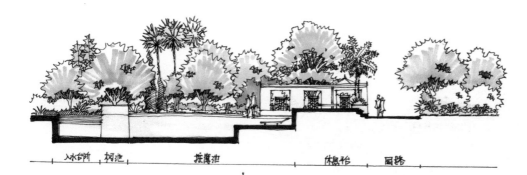

02 再用T9■、T68■、T59■和F25■画出植物的底色。

03 然后用F166■、T54■、T84■和T68■画出植物的暗面和水的颜色。

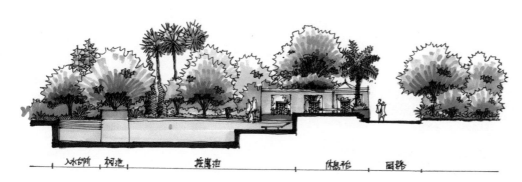

04 最后用T54■、T23■和T77■调整局部颜色。

| 范例 3 | 剖面图上色 3

01 先画出一个凹面，然后在凹面上画出植物和建筑之间的前后关系。

02 接着选用T59 、T68 和T25 画出配景的底色。

03 然后再用T97 、F166 和T68 表现出剖面图的颜色层次。

04 最后选用T54 、F143 和T97 加重暗面的颜色。

第 **8** 章

Chapter 8

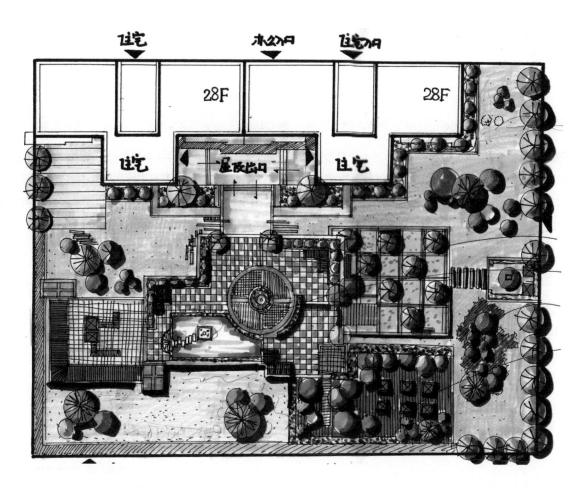

景观快题设计方案与评析

8.1 方案设计

景观快题考试时，我们一定要把握好时间，在考试规定的时间内做出方案总平面图及相关的表现和说明，要求学生在符合题目的要求下，尽量以多种景观元素合理地创造出优美的景观空间，从而检验学生的景观设计综合能力。大部分学生在面对考题的时候比较盲目，不知道如何下手，也就是对一个设计方案没有自己的设计思路。

下面，我们将仔细讲述从基地分析到完整的设计方案过程，让学生有一个清晰的设计思路，让他们在设计的道路上更加得心应手。

8.1.1 设计的标准

一个成功的设计方案对设计者的要求很高，应尽量做到以下几点。

① 整体统一，清晰有序，画面完整。

② 有主次，对比突出，虚实有对比。

③ 室外空间意识强，并有围合空间感。

④ 线条流畅，植物疏密有致。

8.1.2 景观规划设计的 6 个步骤

了解基地信息 → 功能定位 → 功能布局 → 景观结构 → 空间细化 → 植物配置

了解基地信息、功能定位和功能布局这3个步骤主要是设计者的前期分析、思考过程，并从中获得构思的来源，主要是了解客户的需求，根据需求来做设计，这就是我们常说的进行逻辑推理并得出设计结论的方案是非常有说服力的。另外，可以不在图纸中表达或在图纸上只是以草图的形式来理清设计思路。后3个步骤是将具体的构思以某种具体形态落实到画面当中，景观结构对设计的整个画面关系起到至关重要的作用，它是整个画面的骨架；具体的空间细化也很重要，在第5步进行具体实现；最后一步就是植物的配置。

1. 了解基地信息

景观快题设计任务书的内容一般分为4个方面：基地概况、设计要求、图纸要求和时间要求，通常以文字结合基地平面图来说明基地概况，向设计者提出明确的设计目标和要求。基地分析是针对设计任务书中的基地概况进行解读。基地信息是设计的始发点，对于设计起到关键性的指导作用。基地特有的信息使整个设计方案更具独特性，而不是普遍性。

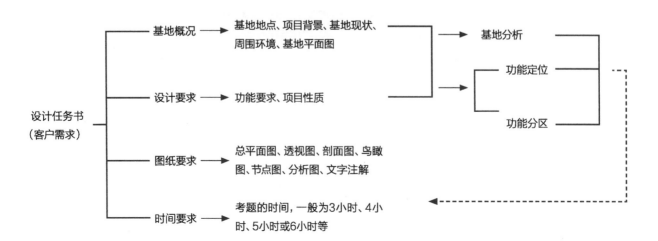

① 基地现状。主要包括基地地点、项目背景、红线范围、用地面积、基地形状等，这些信息是我们从任务书中获得的信息，不能被忽略。

② 区位环境。不同的区位环境会对设计定位和边界处理有不同的要求。

③ 服务对象。快题设计中有的任务书会明确提出基地的服务对象，如果没有明确提出服务对象的基地，我们可以通过基地区位环境的分析预测出基地的潜在服务对象。服务对象对于设计定位和功能分区及景点的设置会有比较大的影响，不同的服务对象对于功能的要求会有所不同。

④ 基地自然环境。自然环境对于造景元素的选择会产生很大的影响。

⑤ 周围环境。在设计中可以结合基地一些人文环境进行有特点的设计。假如对设计基地的人文环境不清楚，也不要紧，快题设计对理念的要求不高，只要满足上面的4个特点并进行大胆的发挥都是可行的。

2. 功能定位

设计者的成败在于他能否做到准确的定位，如果将住宅区设计得与商业区一样，这就犯了方向性的错误，所以一定要注意大方向。除了任务书中的设计要求外，定位的构思来源主要是对基地区位环境的认识和潜在的服务对象的分析。

① 功能定位和周边环境的关系。设计用地在中心商业区和设计用地的周边都是居住区的绿地设计，它的功能定位将会有非常大的差别。中心商业区的绿地设计主要以规则式的构图或规则结合自然的结构为主，通常设计具有简洁、大方、明确和清晰的特点，从基地外部自然过渡到园区的内部，要求能够和周边的商业环境相协调。

② 功能定位和服务对象的关系。对基地进行功能定位时，要问清楚给谁设计、对谁服务，这样便于整理出一个清晰的思路，每一个设计都有自己的服务对象。不同的设计服务于不同的人群，所以定位就不同，有时一块绿地的设计可能为好几种人群服务，这时的功能定位取决于主要的活动人群。

3. 功能布局

它可以依据动态、"公共与私密的原则""开放与封闭的原则"进行区分，将具有相同或相似性质的活动区域设置到一起。将不同的活动区聚在一起，形成人们互动和交流的空间，也方便管理者管理。一般大的规划设计中分区特别多，分区功能很明显，比较小的设计则分区不是很明显，这些分区的设置具有灵活性和主观性。

分区应该在分析基地的现状和周围的环境下，结合任务书的要求对整个基地设计进行全面考虑，使得每个功能区的布局合理。

由于设计的定位、性质、主题不同，功能分区的类型很多。

4. 景观结构

景观结构由入口、道路、水系和节点组成。景观结构的产生过程是入口、道路、水系和节点之间动态调整的过程。第一个要素对景观结构有着非常重要的作用，入口的位置决定了道路的方位。景观道路会构成景观的轴线，而轴线上会连接很多重要的节点。

景观结构的作用非常重要，因为它是景观规划设计的骨架，并对整个图画的组成起到重要作用，还有助于整体的控制。

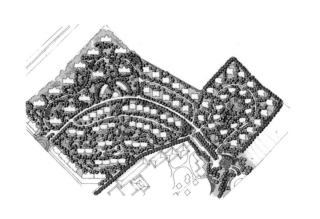

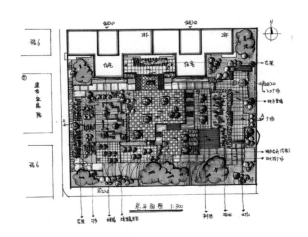

▲ 规则式为主的景观结构图　　　　　　　　　　　　　▲ 规则与自然兼具的景观结构图

景观结构的风格可以分3种：自然式、规则式和规划与自然兼具。

单纯的规则式和自然式的景观结构非常少见，大量运用的是规则结合自然的设计方式，一般会表现出以一种方式为主、另一种为辅。

8.1.3 景观结构的重点

① 主要的入口一般设在人流量比较大的地方，方便人们进入。

② 绿色植被中的道路要参考基地周围的道路系统，注意要与周围的道路平行或垂直。

③ 景观设计中的轴线对于空间的整体性和秩序性起到非常重要的作用，也有统领全局和控制空间结构的效果。

④ 比较善用对景，并利用对景形成虚轴，使它们之间相互呼应，便于整体的形成。

⑤ 景观的节点一定要有主次顺序，还有景观结构要有秩序性。

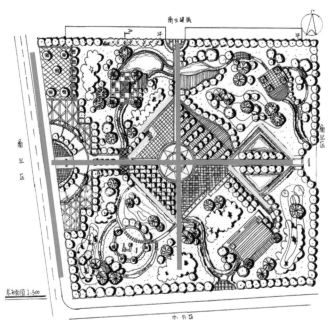

8.1.4 平面构成形式

平面构成形式是指对景观节点进行更细致的分化。在画景观结构图的时候，景观节点要以一个示意性的简单图形表现出来，它的目的是将要设计的景点和实物的场地位置决定下来，具体的空间形态要到景观结构确定出来再进行细分。平时要多积累空间细化的能力，不断提高自己的水平。

① 在栅格网里做设计可以使很多景观元素有秩序地呈现在设计中，使结构更加统一、完整。

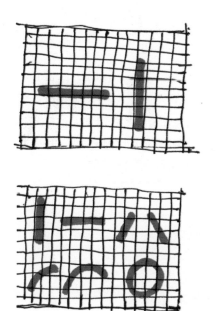
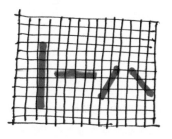
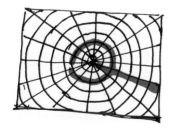

② 园林植物营造空间没有一个固定的模式，主要看个人的空间感和艺术感，并结合现场的情形做出一个空间营造图。植物组成的空间形式主要有封闭式空间、半开放式空间、开放空间和水上空间。

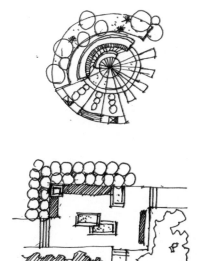

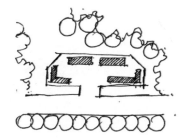

③ 空间利用很重要，尽量在竖向上多做变化。

④ 道路和广场等要进行铺装细化，使画面快速地丰富起来。

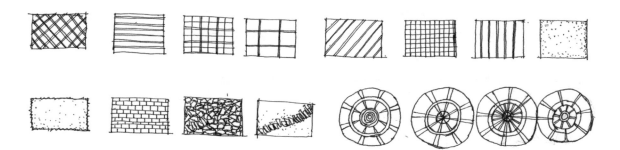

8.1.5 植物配置

掌握植物配置是非常重要的，植物配置的知识很多，市面上也有很多关于植物配置的图书，大部分都是讲述植物的生长特性和种植方法等。植物景观配置的基本要素包括但不局限于颜色、大小、形态、线条、质地和比例尺度等。根据这些基本要素的特征，植物被区分为个体或归并为类组。这些要素从来就不会彼此孤立，而是因交互作用而成为一个整体。

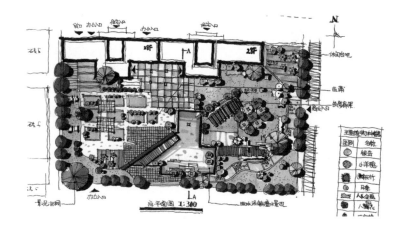

8.1.5.1 植物在平面中的作用

① 强化景观结构。可以将植物种植在景观轴线上，这样便于凸显出景观轴线。景观结构树要区别于一般单体树的颜色表示，便于强化重点。

② 植物造景，围合空间。一般用树丛和单体树结合来营造空间感，还可以用高低花草和灌木围合空间。

③ 独立成景。对空间尺寸较小的设计我们可以用植物的孤植来点景，体现视觉的焦点。

④ 丰富画面。可以用单体树、花灌木、树丛和景观结构树并以规则式种植和自然式种植结合的方式，营造出丰富的层次感。

8.1.5.2 植物种植的原则

① 疏密原则。配置植物要疏密有致，不要错误地进行平均配置。

② 边缘原则：是指对基地边界的处理要注意空间的围合。

③ 形态优美：用不同的乔木组合来营造优美的林木边缘的线条感，注意植物要画得饱满、圆润。

④ 层次丰富：要有丰富的植物层次感，如形成密林、疏林、草坪等很多层次。

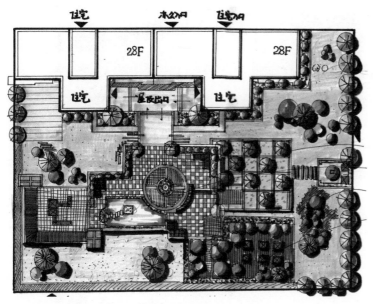

▲ 屋顶花园平面图

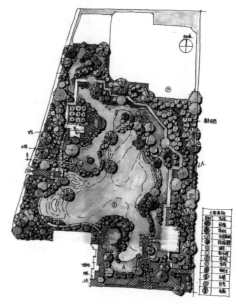

▲ 庭院平面图（植物的稀疏原则）

⑤ 植物的表达：单体树，树丛，树丛与单体树的结合，树丛、单体树和灌木的结合。

⑥ 植物的平面用色：在对植物用色时，主要以绿色调为主。对重点突出的单体树我们可以选用紫色和橘黄色来表达，注意颜色不能过多，否则容易失去统一感。

8.2 快题案例分析

别墅区的绿化所创造的环境氛围要充满生活气息，做到景为人用。绿化景观与人的需求的完美结合是别墅绿化景观设计的最高境界。别墅绿化景观由7部分组成，分别是私人庭院用地、住宅分割带、行道树、别墅周边的绿地、水景、植物和景点。

8.2.1 别墅景观设计

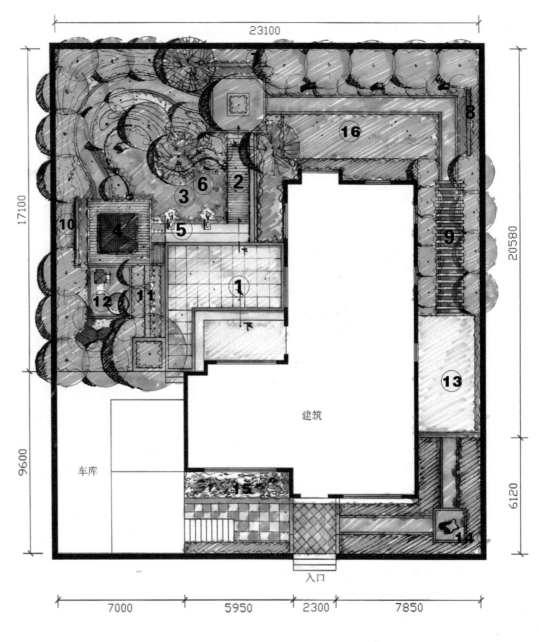

图 例

① 小广场
② 水面桥栈
③ 水景
④ 凉亭
⑤ 雕塑喷泉
⑥ 水景
⑦ 景墙1
⑧ 景墙2
⑨ 钢制廊架
⑩ 景墙3
⑪ 跌水
⑫ 儿童活动区域
⑬ 乒乓球活动区域
⑭ 石景
⑮ 主入口处的竹子
⑯ 草地

▲ 别墅剖面图

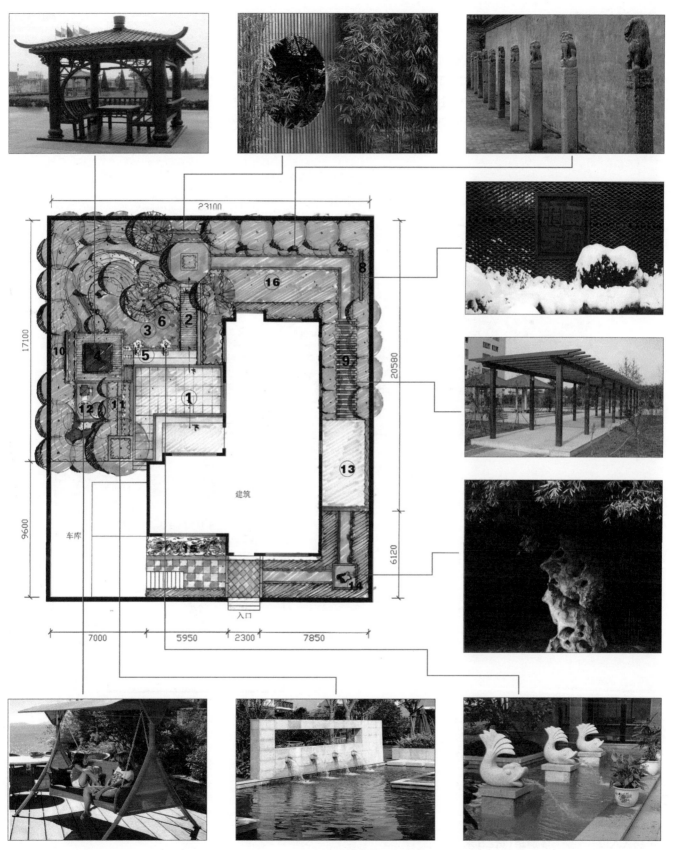

▲ 意向图

8.2.2 度假村设计

度假村的屋顶绿化设计及施工主要考虑的因素有屋顶荷载、防水与排水、植物。

① 屋顶荷载。所有构造层在达到水饱和状态下的密度所产生的有效荷载及植物、流动人员、非固定设施等因素。

② 防水及排水。在设计时按屋面结构进行多道防水设施，做好防排水构造的系统处理，设置完善的排水系统。

③ 植物。由于植物处在不与大地土壤相连的地方，该处属于人工地面，所以在植物的选取上应以阳性喜光、耐寒、抗旱、抗风力强、根系浅的为主。

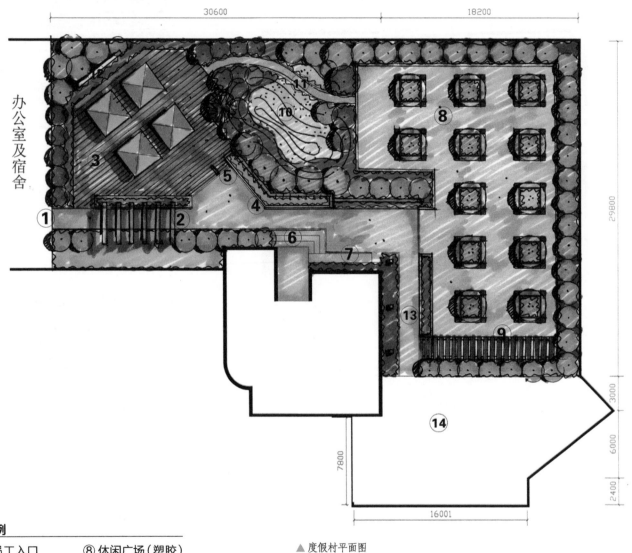

▲ 度假村平面图

图 例

① 员工入口	⑧ 休闲广场（塑胶）
② 钢制廊架	⑨ 休闲廊架（木质）
③ 木质平台	⑩ 起伏草坪
④ 水景	⑪ 景观园路
⑤ 无障碍通道	⑫ 景观墙
⑥ 病人入口	⑬ 道路（宽2.5米）
⑦ 无障碍通道	⑭ 设备

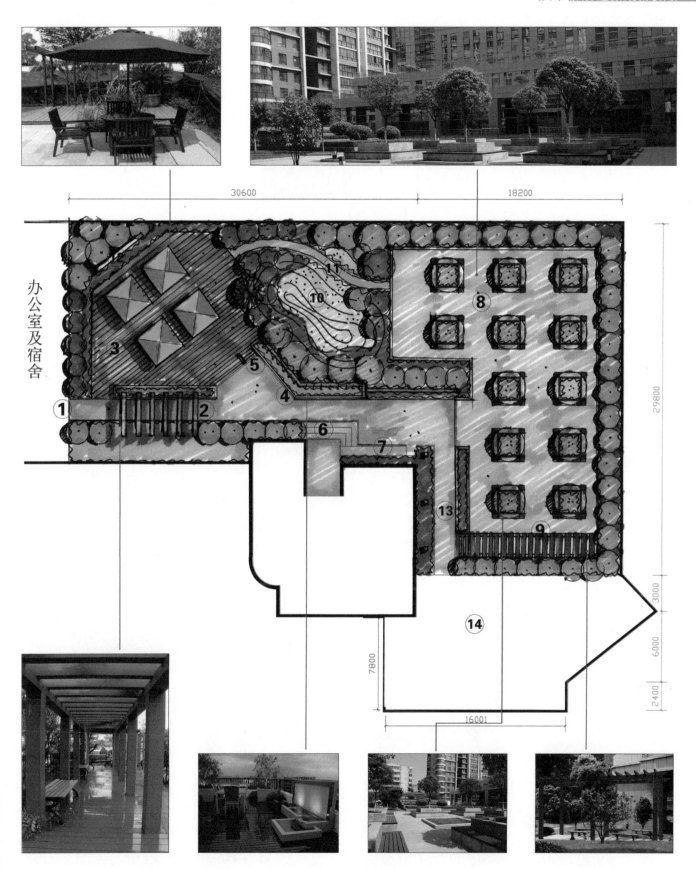

30600 18200

办公室及宿舍

29800

3000

6000

2400

7800

16001

▲ 意向图

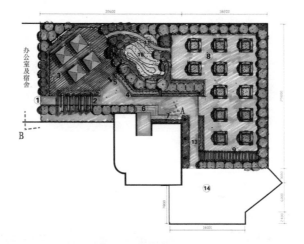

▲ A视角空间透视意向图

▲ B视角空间透视意向图

8.2.3 居住区景观设计

　　居住区景观从属性上大致可以分为自然景观与人文景观两大部分，人文景观的精神内涵通过物质展现出来，物质要素就具有了文化性。优秀的景观设计必须是物质与精神要素之间的有机结合，因此居住区景观设计应遵循4个原则，即整体性原则、舒适性原则、生态性原则和人文原则。

图 例

① 主入口　　⑩ 景墙
② 次入口　　⑪ 景观园路
③ 树阵水景　⑫ 停车位
④ 景观门房　⑬ 景观水景
⑤ 铺装广场　⑭ 景观构筑
⑥ 对景照壁　⑮ 商业街
⑦ 花海漫步
⑧ 景观亭
⑨ 景观廊架

0　5　10　　20（m）

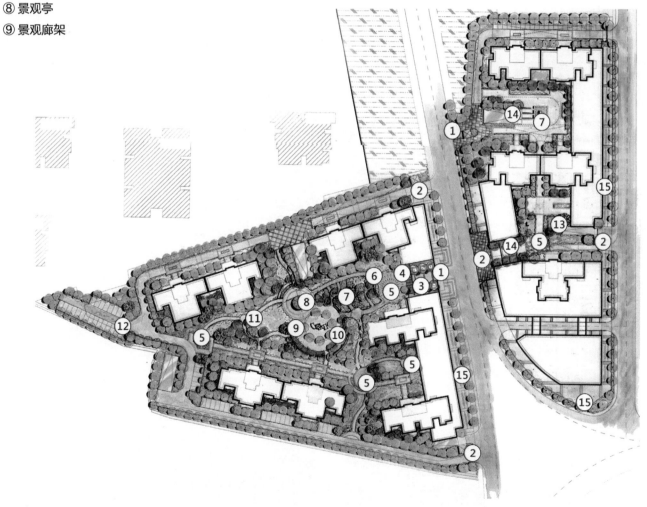

▲ 居住区平面图

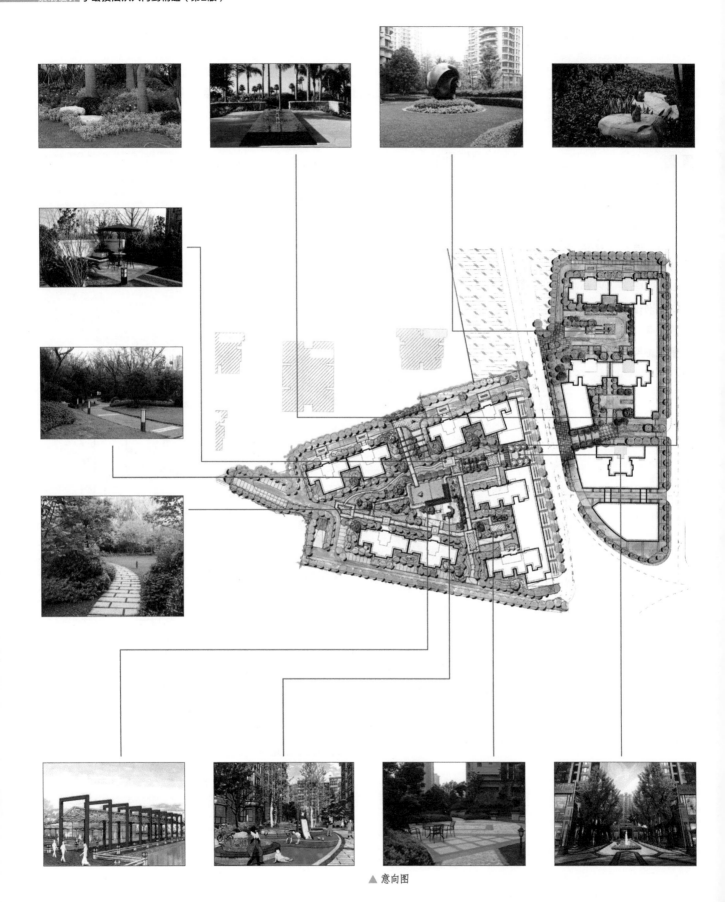

▲ 意向图

8.2.4 售楼部景观设计 1

售楼部是一种展示型、具有商业性的场所，是为购房者这一特殊的消费者群体服务的。因此，做好售楼部的景观设计是展现楼盘的设计理念、争取客户在第一时间交易的重要手段。售楼部景观设计有以下3个原则。

① 展示性。景观具有吸引力且具有多样性，材料、颜色、质感等细节也是丰富视觉和心理的重要元素。

② 体验性。景观具有参与性，需要人性化。

③ 可持续性。可以对景观设计进行持续改善。

图例

① 主入口　　⑪ 阳光坐椅
② 入口水景　⑫ 吐水小品
③ 景观树池　⑬ 阳光草地
④ 吐水景墙　⑭ 通风井
⑤ 特色铺装　⑮ 停车位
⑥ 旱喷　　　⑯ 花池路灯
⑦ 中心景石　⑰ 景观树池
⑧ 木汀步　　⑱ 铺装广场
⑨ 景墙　　　⑲ 样板间
⑩ 水景墙

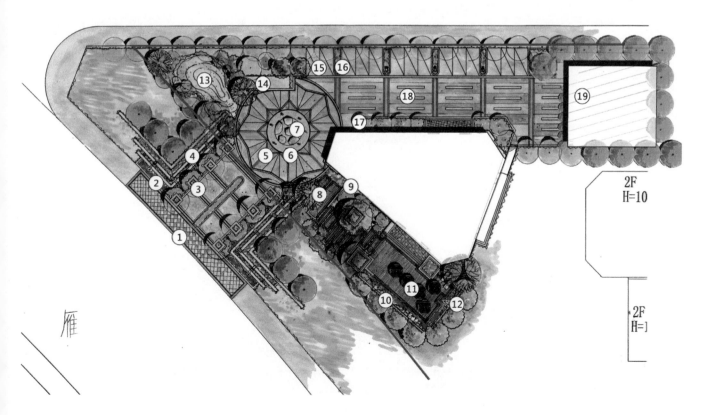

▲ 售楼部平面图

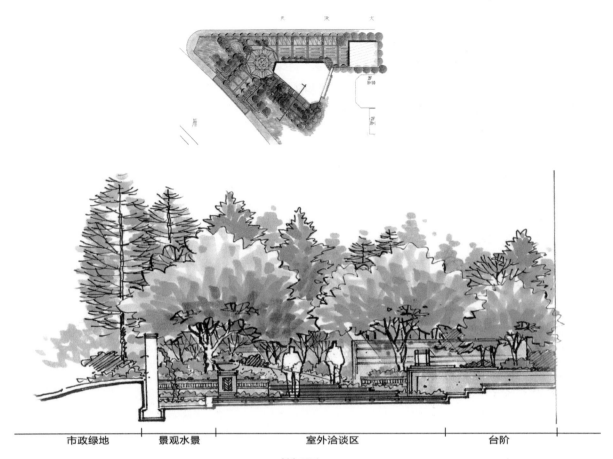

市政绿地　　景观水景　　　　室外洽谈区　　　　台阶

▲ 剖立面图

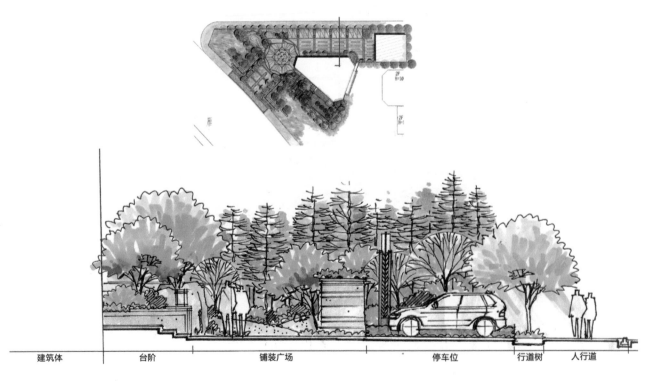

建筑体　　台阶　　　铺装广场　　　停车位　　行道树　人行道

▲ 剖立面图

▲ 空间透视意向图

▲ 空间透视意向图

▲ 空间透视意向图

▲ 空间透视意向图

8.2.5 售楼部景观设计 2

图 例

① 主入口　　⑩ 造型草地
② 停车场方向　⑪ 通道木桥
③ 入口大树　　⑫ 坡道出入口
④ 景观墙　　　⑬ 丛林汀步
⑤ 景观台阶　　⑭ 休息平台
⑥ 台地灌木　　⑮ 景观石
⑦ 水景　　　　⑯ 阳光草地
⑧ 铺装广场　　⑰ 汀步出入口
⑨ 水景涌泉　　⑱ 停车场

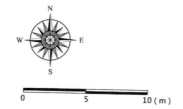

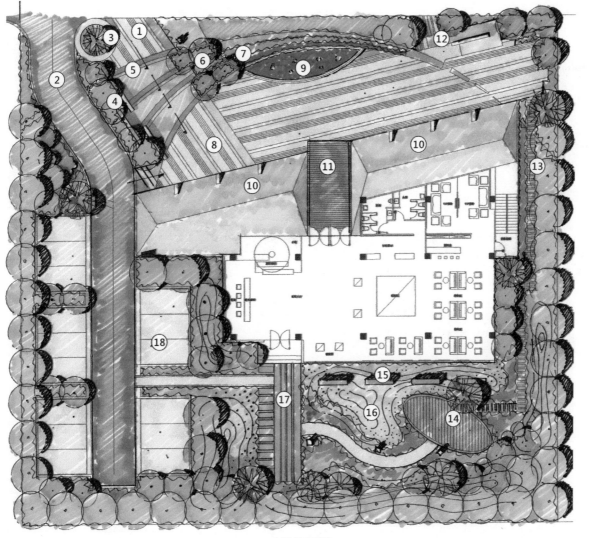

▲ 售楼部平面图

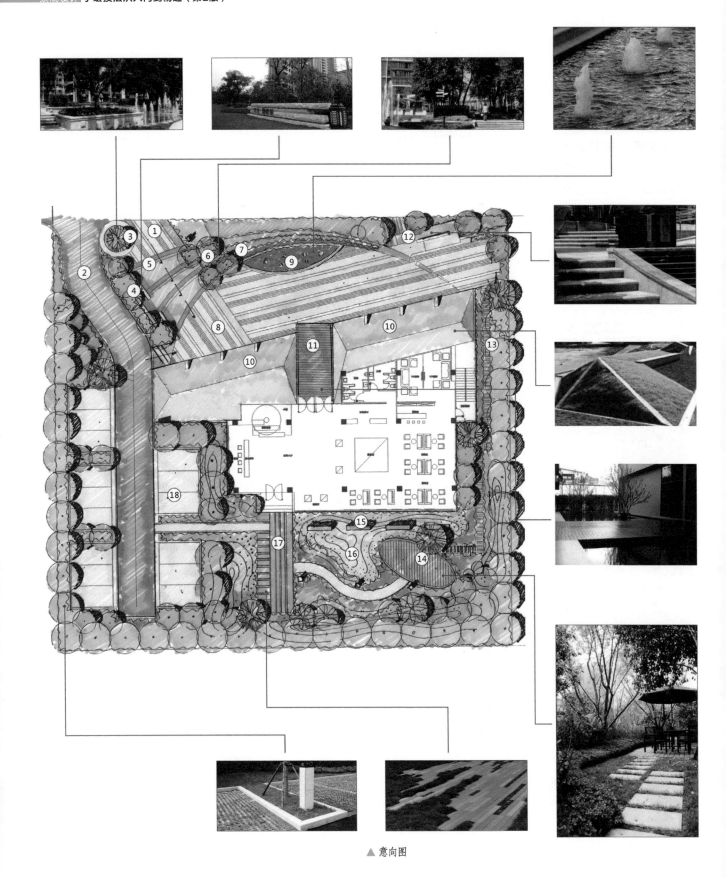

▲ 意向图

▲ 空间透视意向图

▲ 空间透视意向图

▲ 空间透视意向图

▲ 空间透视意向图

8.3 快题点评

8.3.1 屋顶花园景观设计评析

8.3.1.1 任务书

这是2011年西安建筑科技大学研究生入学试题,具体题目要求如下所述。

1. 基地概况

根据所给的商住楼屋顶花园的平面图,结合风景园林专业知识及特点对其进行景观概念设计。

基地总面积为4 307m²,其中长为59m、宽为73m,位于26m高的屋顶上。

2. 设计要求

① 用概念草图的形式设计出屋顶花园部分的景观彩色平面图。

② 对体现屋顶花园性质主题的铺装、植物配置的设想,可以用图示或笔述加以说明。

③ 在概念设计的基础上分析出景观节点的相互关系。

④ 画出主要景点的透视效果图,工具不限。

⑤ 用笔述或图示设计绿化的覆土厚度,以及绿化系统等后期养护、维护方面的问题和解决办法。

3. 成果要求

① 整体统一,清晰有序,画面完整。

② 有主次,对比突出,虚实对比。

③ 两张A2纸。

4. 时间要求

3小时快速表现。

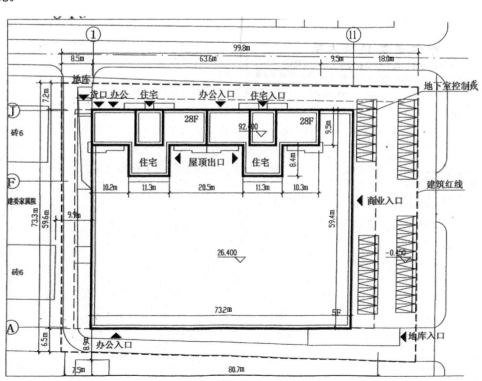

8.3.1.2 学生方案

1. 学生方案1

快题评价：优点，本方案中"创新"是其最大的特色，在颜色上别具一格，在平面分割上大胆想象，提高了方案的档次，引起了改卷老师注意，使自己的试卷在众多考卷中脱颖而出。缺点，硬质场地之间的联系还需要改进，应加强硬质空间的交通通达性，另外植物尺度偏大。

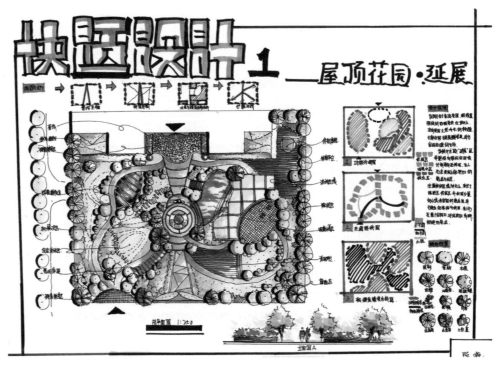

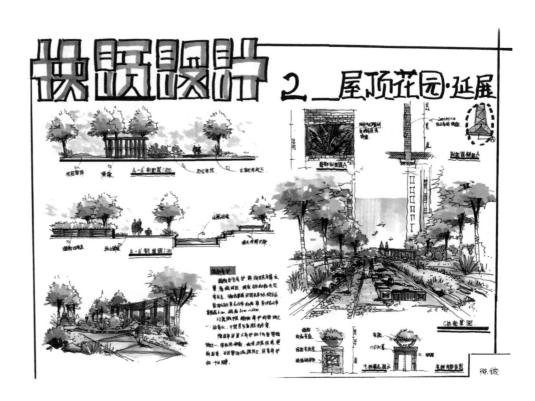

2. 学生方案2

快题评价：本方案将自然式和规则式构图相结合，轴线清晰，画面整体统一，并充分利用水元素进行造景，水体变化丰富，形式多样，形成了开合虚实对比。主次借点对比鲜明，且细节刻画深入，该地块设计形态与住宅楼形成良好的过渡。不足之处为B地块南面缺少入口设计，大的折线形的道路有待进一步改进。

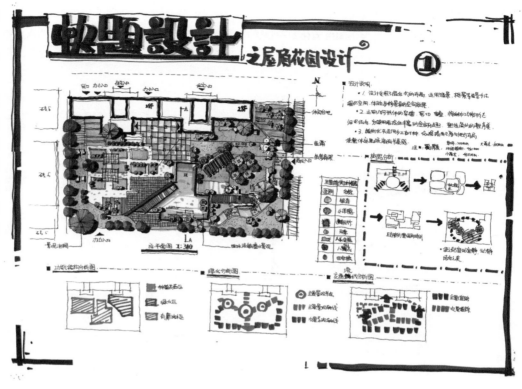

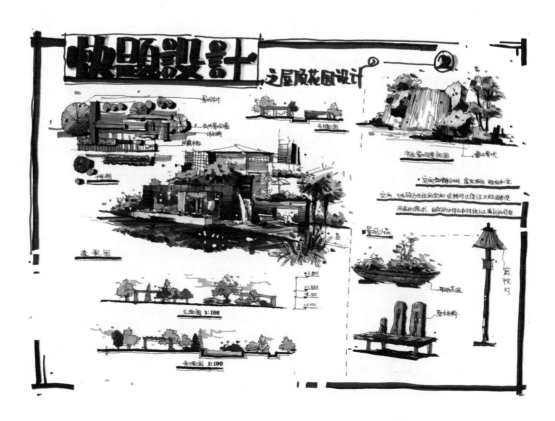

8.3.1.3 老师方案

1. 老师方案1

　　方案点评：本方案以圆形构图塑造花园中心空间，建筑形态丰富，聚集感强。四周围合的水系空间形成了众星捧月式布局，主次分明。画面表达基本清晰，水系周围的植被设计有些过于简单，使得画面对比较弱，稍显凌乱。

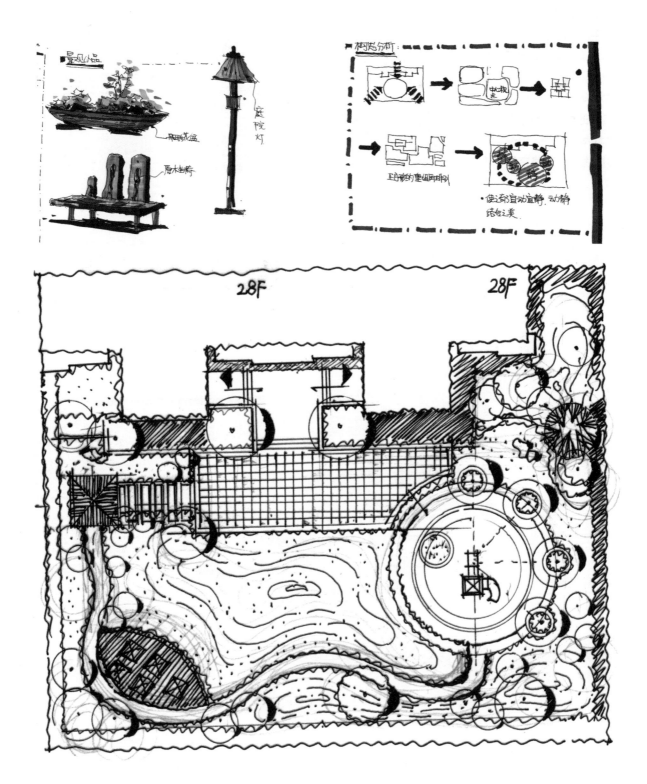

2. 老师方案2

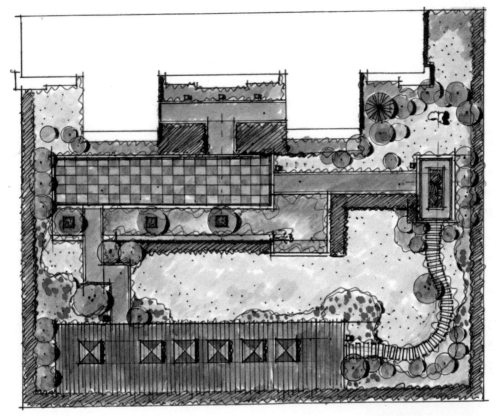

某屋顶花园平面图

1:300

（1）屋顶绿化设计

屋顶绿化设计对荷载、防水、种植区构造层、园林小品、园林道路、灌溉、照明等设计有一定的专业要求。

（2）屋顶绿化分类

①花园式屋顶绿化。选择小型乔木、灌木、藤本、草坪和地被植物进行绿化植物配置，同时设置园路、座椅、水景和园林小品等，提供一定的游览和休憩活动空间，是相对复杂的屋顶绿化。

②简单式屋顶绿化。仅种植草坪、地被植物或低矮灌木，不设置园林小品等设施。一般不允许非管理人员或非维护人员入内，是相对简单的屋顶绿化。

（3）屋顶绿化要点分析

①荷载。由人员活动、雨水回流、积雪及建筑物修缮、维护等工作产生的屋面荷载，以及屋面构造层、屋顶绿化构造层和植被层等产生的荷载。在结构使用期间，该荷载值不随时间变化，或其变化与平均值相比可以忽略不计，或其变化是单调的并能趋于限值的荷载，不能高于建筑本身的荷载。

②防水、隔根。为了防止雨水或灌溉用水等进入屋面，或防止植物根系穿透防水层而设的材料层。

③植物种类选择。以低矮小乔木、灌木、草坪、地被植物和攀援植物等为主，只有专门进行加强的荷载设计及支撑系统设计才可以种植大型乔木，大型乔木的高度不宜超过5m。适宜种植生长较慢、耐修剪、抗风、耐旱、耐高温的植物。

8.3.2 售楼部景观设计评析 1

8.3.2.1 任务书

1. 基地概况

根据所给的某商住小区售楼部和景观示范区，结合风景园林专业知识及特点对其行景观设计。

2. 设计要求

① 设计出虚线部分的景观总平面（彩色平面图）。

② 对体现西安地域文化主题的铺装、植物配置的设想，用透视图或立剖面的形式表现。

③ 在总平面设计的基础上，分析出景观节点的相互关系。

④ 画出主要的设计分析图（包括功能和流线）。

⑤ 笔述或图示此景观示范区中设计的水系统，以及绿化系统等后期养护、维护方面的问题和解决办法。

3. 成果要求

① 所有设计内容画在1~2张2号图纸上。

② 要求在图纸上简要阐述设计构思。

③ 设计内容应包括总平面图、立（剖）面图、设计分析图、局部放大平面图、透视表现图。

④ 表现手法不限、工具不限，图面版式要进行设计。

4. 时间要求

3小时快速表现。

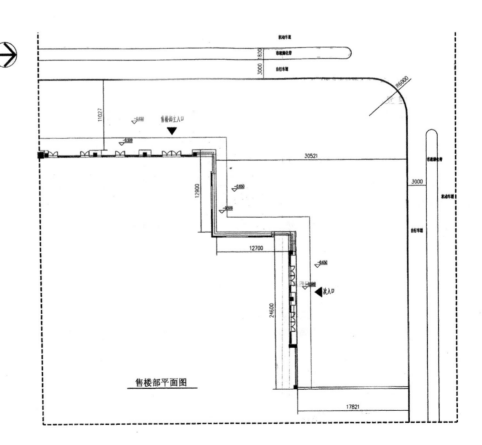

售楼部平面图

8.3.2.2 方案1

售楼部是一个交易性场所，是一个公共展示的空间，最主要的功能就是销售楼盘，因此售楼部景观设计应包括3个原则，即展示性、体验性和可持续性。同时售楼部景观对买家极具吸引力、震撼力，这在其形成良好品牌形象的过程中功不可没。

根据设计要求及平面图的地形，对平面图进行草图方案设计，在这个阶段要考虑路网、功能等。

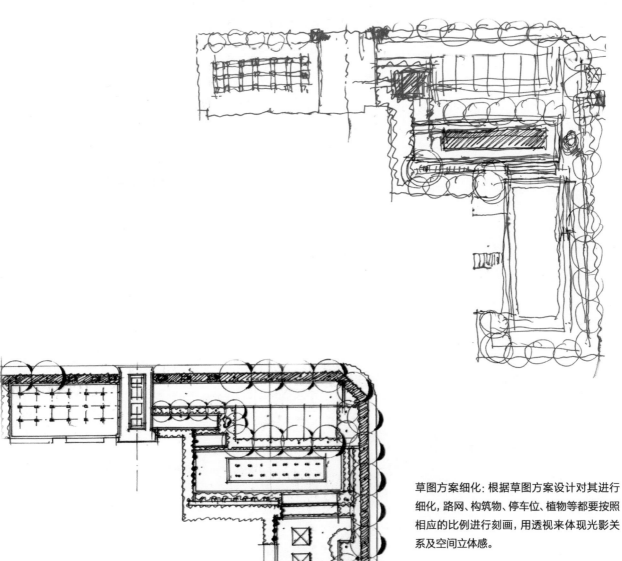

草图方案细化：根据草图方案设计对其进行细化，路网、构筑物、停车位、植物等都要按照相应的比例进行刻画，用透视来体现光影关系及空间立体感。

8.3.2.3 方案2

　　绿化设计的主导思想是创造简洁、大方、便捷、美丽的环境，以体现建筑设计风格为原则，使绿化和建筑相互融合、相辅相成。使环境成为企业文化的延续。通过对主导思想的把握，本次景观设计中我们将整个涉及范围分成4个分区，包括售楼部前入口广场、左侧的洽谈中心、右侧的洽谈中心和停车场。

　　充分发挥绿地效益，满足员工和顾客的不同要求，创造一个幽雅的环境。坚持"以人为本"，充分体现现代的生态环保型的设计思想。植物配置以乡土树种为主，做到疏密适当、高低错落，形成一定的层次感；植物的色彩要丰富，主要以常绿树种作为"背景"，再使用四季不同花色的花灌木进行搭配。尽量避免植物裸露于地面，广泛进行垂直绿化，配上各种灌木和草本类花卉加以点缀，使售楼部达到四季常绿、三季有花，既美观大方又舒适朴实，可以很好地调节员工的工作氛围。

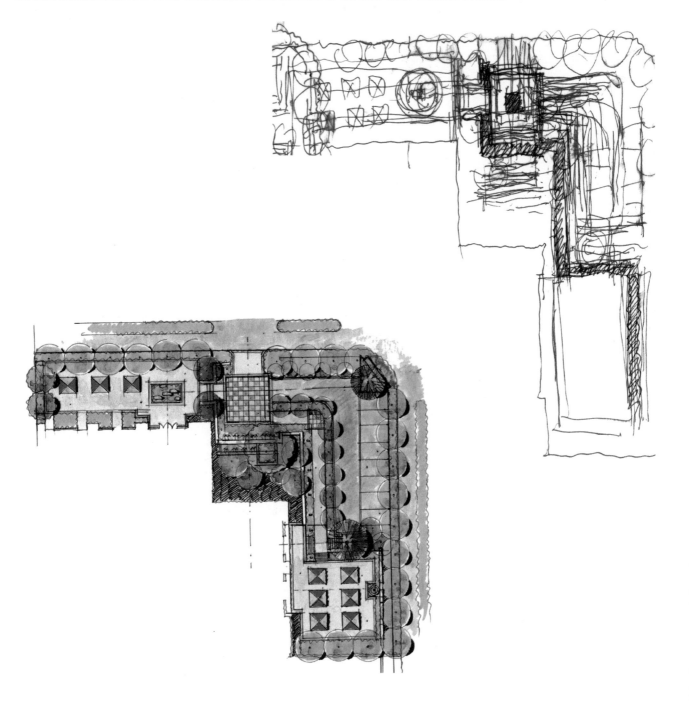

8.3.3 售楼部景观设计评析 2

8.3.3.1 任务书

1. 基地概况

下图为某小区售楼部的内庭院平面图,要求在所给用地阴影线所示范围内进行环境景观设计,具体要求如下。

2. 设计要求

① 售楼部的接待大厅采用钢结构,立面较为通透,内庭院的设计应为接待大厅提供良好的景色。

② 售楼部内庭院的设计应着重考虑样板间的参观流线,并提供一定的户外洽谈区。

③ 设计时,应对售楼部办公区实现恰当的遮挡。

3. 成果要求

①所有设计内容画在1~2张图纸上。

② 要求在图纸上简要阐述设计构思。

③ 设计内容应包括总平面图、立(剖)面图、设计分析图、局部放大平面图和透视表现图。

④ 表现手法不限、工具不限,图面版式要进行设计。

4. 时间要求

3小时快速表现。

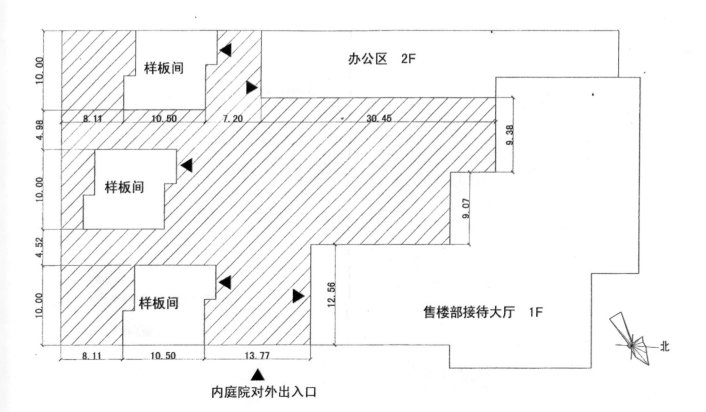

8.3.3.2 方案1

在本售楼部景观设计中主要考虑"人与自然"之间的和谐关系，坚持以人为本的设计理念。设计中以生态环境优先为原则，充分体现对人的关怀，从大处着眼进行整体设计。在规划的同时，辅以景观设计，最大限度地体现功能本身的底蕴，设计中尽量保留售楼部原有的积极元素，加上和谐、亲切的人工造景，使客户、工作人员乐而忘返。

继承传统文化中的"天人合一"的建筑规划理念，并尽可能地解决和完善人们观赏、娱乐、休闲、健康、工作、交流等之间的关系，从而达到"人与自然和谐统一"这一永恒的主题。

在本设计中注意与周边环境的协调，在内部环境中强调生活、文化、景观之间的连接，以达到美化环境、方便生活的目的。因此，处理好人与自然的关系，就是本方案需要解决的问题。

在本设计中采用的是周边式布局方式，主要围绕着中心广场区和中心草坪四周布置。主入口有最佳的朝向和风景，阳光草坪区和广场区为景观设计的中心，优越的位置构成了售楼部的主体环境，达到了良好的景观效果。

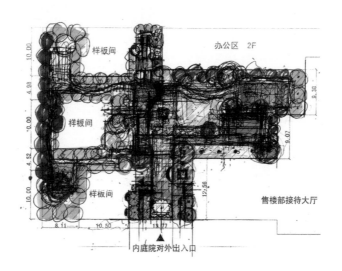

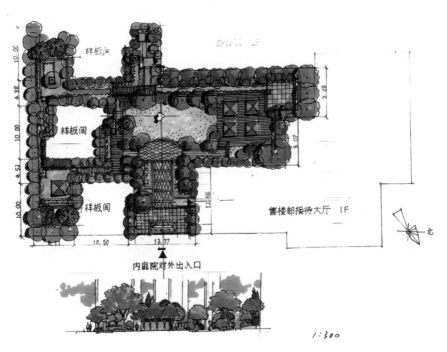

8.3.3.3 方案 2

快题评价: 该方案设计内容虽然不够精致, 但是中心景观区空间感、交通联系、场地的整体感都十分合适。硬质场地空间有私密、半私密、开敞之分, 风格上对立统一, 尺度感比较准确。不足之处在于植物的尺度偏小, 植被设计比较散, 应强化其围合空间的作用, 进一步深化细节的设计, 增强水池与硬质场地之间在面积上的对比。

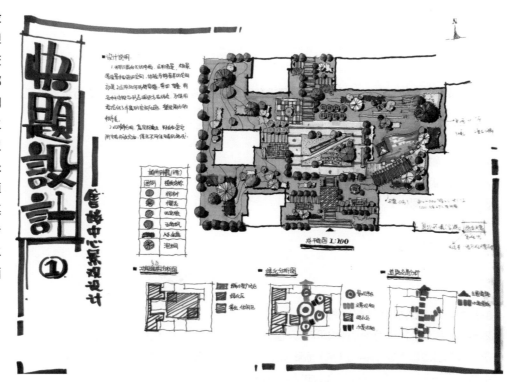

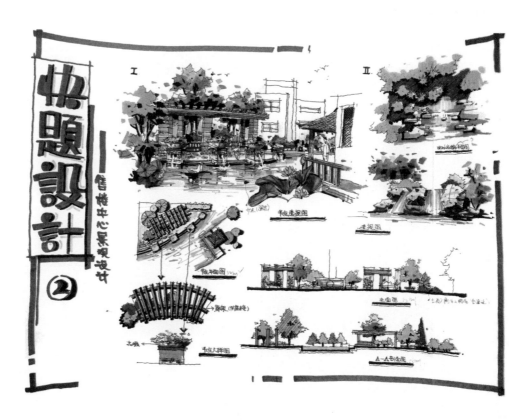

8.3.4 校园景观设计评析

8.3.4.1 任务书

1. 设计内容

下图为某高校教学楼围合的庭院平面图，要求在所给用地（阴影线所示）范围内进行环境景观设计。

2. 设计要求

① 校园环境氛围的把握。

② 公共性与私密性的平衡。

③ 多层次的空间。

④ 适宜的尺度。

⑤ 交往空间的创造。

3. 成果要求

① 所有设计内容画在1~2张2号图纸上。

② 要求在图纸上简要阐述设计构思，以及植物、水体、铺装的后期维护、管理等问题。

③ 设计内容应包括总平面、立（剖）面图、设计分析图、局部放大平面图和透视表现图。

④ 表现手法不限、工具不限，图面版式要进行设计。

4. 时间要求

3小时快速表现。

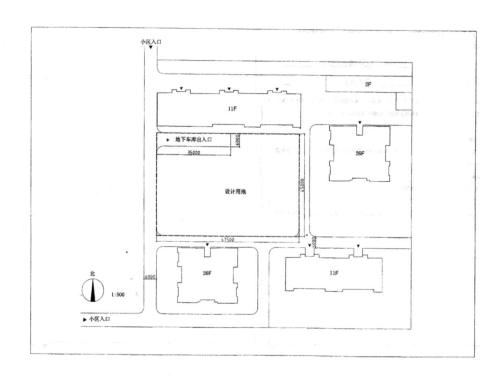

8.3.4.2 方案1

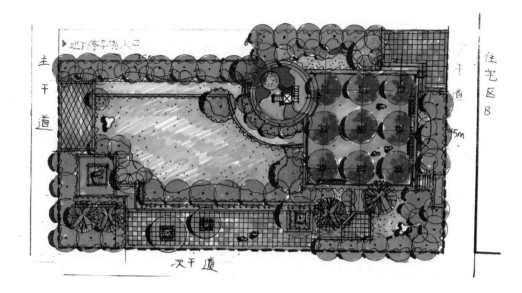

通过这种自然的曲线形路面和几何规矩形式的景观之间的并置、冲突、融合，激发了人们的想象力和创造力，创造出一个适合大众活动、交流的空间，环绕的流线形道路给人以流动、悠闲之感，蜿蜒的小道则形成一个个小场景，如一轴画卷展示给散步者；直线道路是两点间的最近距离，象征高效、快捷的工作节奏；欧式的模纹花坛代表了一种神奇的祝福，是幸福、成功的象征；中心的绿地主要以流畅的园路和集散用地作为构图方式，其间布置若干个木质座椅；大量运用植物之间的高低层次、花色对比进行造景。景观规划理念尽可能地解决和完善了人们观赏、娱乐、休闲、集会、居住、健康、工作、交流等之间的关系，从而达到"人与自然和谐统一"这一主题。

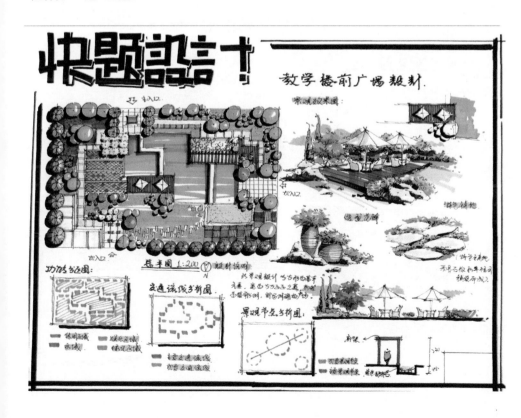

快题评价：优点，该方案整体以自然造景空间为主，尺度感准确，虽然构图形式中规中矩，但满足了功能需求；充分利用了植物营造空间，空间类型比较丰富，尺度合适。

8.3.4.3 方案2

快题评价：本方案采用自然式和规则式构图相结合，轴线清晰，画面整体统一，充分利用水元素进行造景，水体变化丰富，形式多样，形成了开合虚实对比，主次节点对比鲜明，且细节刻画深入，该地块设计形态与原建筑形成良好的过渡。缺点是中间硬质场地的开合之间的对比度不够，应该拉开层次，设置开畅性集中场地。另外，对绿地的空间设计还不够深入。

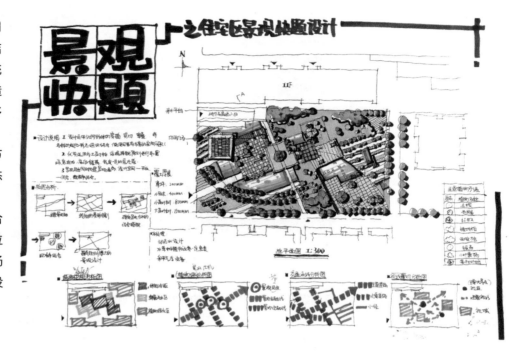

8.3.5　文化旅游区景观设计评析

8.3.5.1　任务书

1. 设计内容

　　下图为某民俗古镇局部平面图，该项目依托太白山国家森林公园景区，是具有浓厚地域文化特征的主题商业街区，该局部平面主要具有特色酒店、私人会所等住宿功能，围合区域设有传统四合院的戏台，以秦腔、皮影戏为主进行定时表演，也会请一些名人进行专场演出，另外还可以展示各种剧目的服装或是装饰品，以宣扬关中曲艺文化。要求在所给用地阴影所示范围内进行传统戏园的设计，以满足上述目的。

2. 设计要求

　　① 所有设计内容画在1~2张图纸上。
　　② 要求在图纸上简要阐述设计构思。
　　③ 设计内容应包括总平面图、立（剖）面图、设计分析图、局部放大平面图、透视表现图（比例自定）。
　　④ 表现手法不限、工具不限，对图面版式要进行设计。

3. 时间要求

　　3小时快速表现。

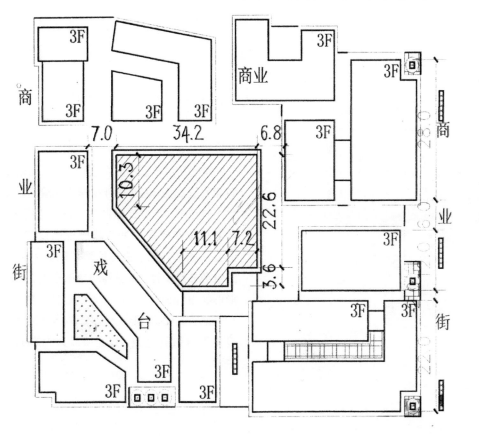

8.3.5.2 方案1

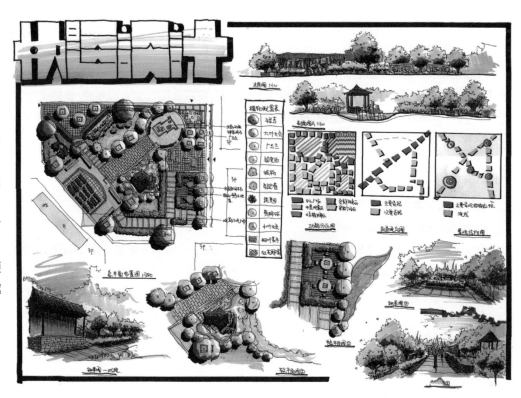

快题评价：本方案具有文化底蕴是其最大的特色，本设计遵循观众文化，中规中矩，交通路线比较完善，空间层次比较清晰。利用植物围合出私密、半私密空间，与戏台前的空间形成了对比。缺点是轴线运用生硬，植物过于平均、分散，与硬质连接较差，应整体加强趣味性。

8.3.5.3 方案2

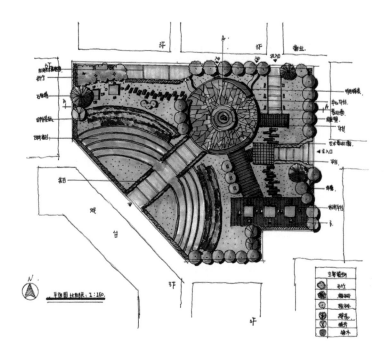

我国关中地区的戏台景观广场，其最重要的功能就是观看，因此在什么样的环境下观看则显得比较重要。本设计遵循功能设置进行构思，前侧多排位座椅是根据视线原理而设定的，中间道路供人们行走，座椅后面是以关中脸谱设定的特色节点设计，是主要的集散空间。根据三角形形状设计道路，道路流通性好且便捷。本设计充分地将文化、功能、人员集散、景观配置、公共设施配置做到极致，并坚持以人为本的思想为主题。

▲ 总平面图

分析图：

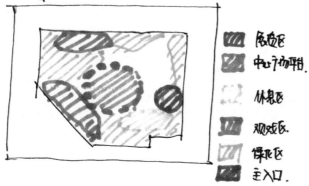

▲ 功能结构分析图

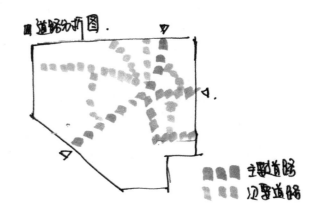

▲ 道路分析图

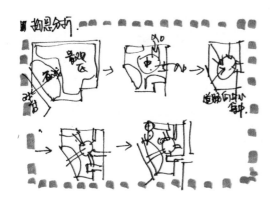

▲ 构思分析图

▲ 绿化区域分析

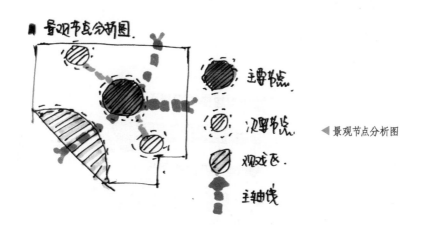

◀ 景观节点分析图

8.4 各类分析图

分析图是快题方案中必不可少的，是考查设计者的设计思路及对设计的分析能力。对于学生来讲，如果分析图做得不是太标准，但只要做了相应的分析，阅读者就会对设计的水准做一定的评价，虽然有时分析图会出现问题，但是总比没有对某方面进行分析要好。

8.4.1 箭头图示

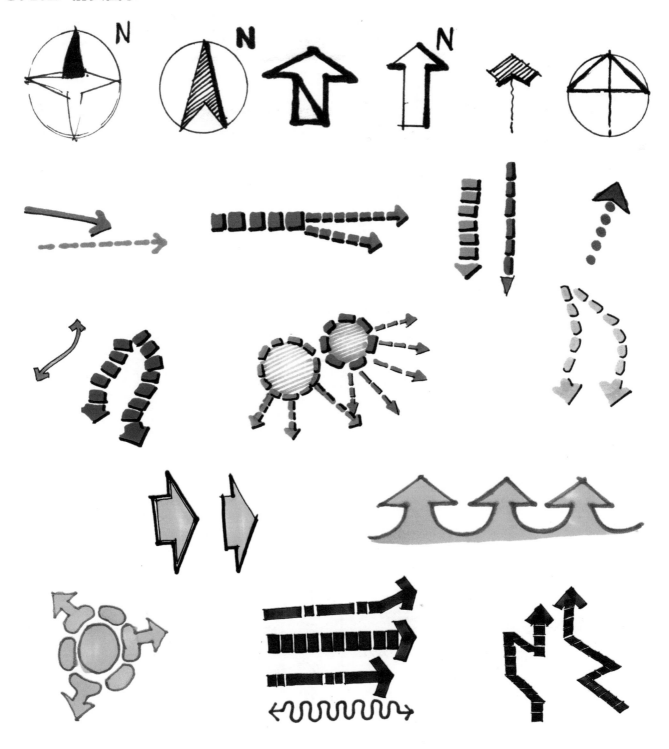

8.4.2 分析图

分析图是一个设计的意图，也是一种方案的表达，设计时直接手绘出来就可以。现在的示意图要求好看、颜色漂亮、卡通一些。总之要看起来既舒服又能表达出设计者的意图。

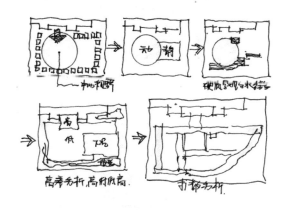

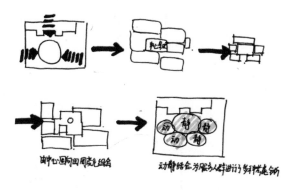

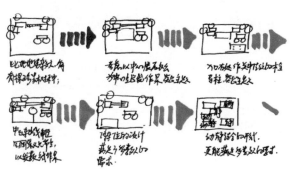

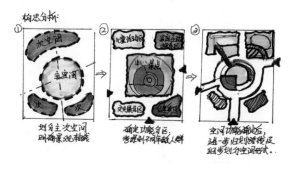

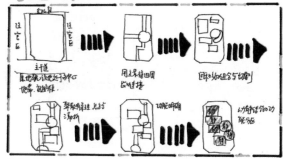

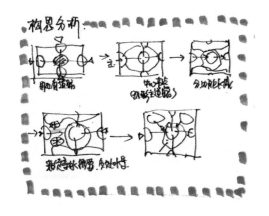

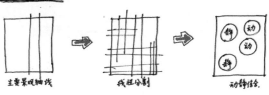

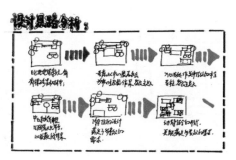

8.4.3 功能分析图

功能分析图的绘制一般是用色块来表示，也可以在此基础上加以变化，主要通过颜色区分不同功能。

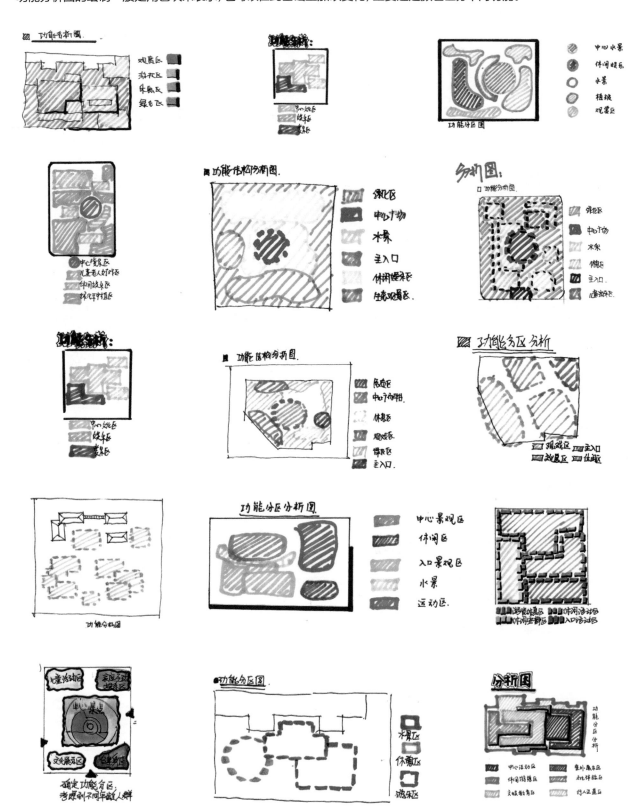

8.4.4 交通分析图

入口一般用箭头表示，道路用虚线段表示，各级的道路通常用颜色和粗细线条来加以区分。

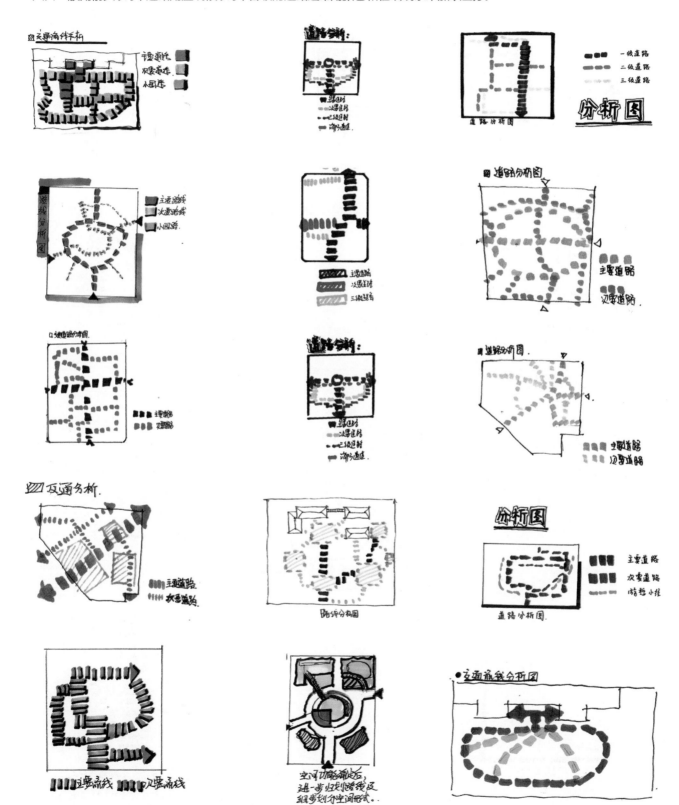

8.4.5 节点分析图

各个景观节点一般用色块表示, 还有景观视线用箭头表示, 但不是绝对的, 也可以根据具体图来进行变化。

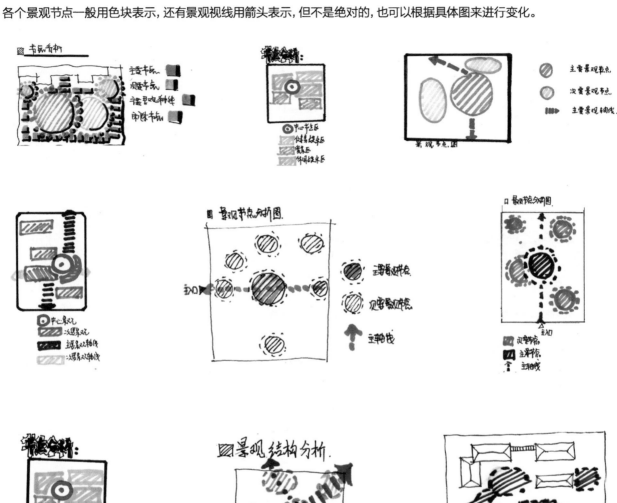

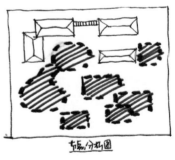

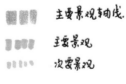

8.4.6 植物分析图

植物分析图是在整个植物配置中挑出几个主要的植物，为植物的平面图配以文字。

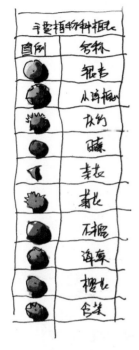

第 9 章

Chapter 9

成套景观上色

9.1 别墅景观上色

实景照片在上色时色相一定要正确,太亮、太暗或周围物体的色差太大都要重新调整。植物上色时要将层次拉开,植物并不全是绿色的,应适当地加些暖色和蓝、绿色的树,蓝色、绿色和木质颜色搭配是最漂亮的,另外冷暖搭配也要适度。

照片分析 这张照片为美国旧金山九曲花街,是典型高差变化的景观。本张照片的特点是街道景观和前景植物,以及后侧的美式建筑。在绘制时为了体现出场景感,可以在合适的位置添加汽车与人物。

线稿分析 这张作品中植物的种类、层次及高度都有很大的变化,在植物的表达上要将种类和远近等通过线条的不同方式表达出来。为了拉开植物间的不同层次,加大了暗部及投影的对比。

上色步骤

上色分析 植物上色占了大部分的画面,不同层次的植物上色要拉开空间关系。建筑物、天空和地面上色在空间中起到辅助的作用,其上色不能太艳,不能强过植物的上色。

01 前景灌木上色:根据植物固有色进行上色,可以在画面中添加一些环境色,主要选用F25 ■、T56 ■、F187 ■和C415 ■等颜色。

02 前景小乔木上色:主要用T12 ■、F12 ■、T84 ■、T76 ■给前景乔木上色,用T59 ■、F25 ■、T76 ■和T67 ■颜色使暗部投影偏蓝,画面就不会闷。

03 中景乔木上色:前面用T59 ■、T68 ■、T76 ■,中部用T68 ■、T76 ■、F143 ■,后面用T68 ■、F186 ■、T76 ■。中景植物以蓝、绿色为主来拉开不同层次的植物。

靠近玻璃区域的植物使用玻璃的固有色F143■在植物上增添环境色。

前景灌木上方的植物上色用F143■和F6■来区分植物的品种。

04 藤本植物上色：主要用T36■、T59■、F25■、F186■和T76■这些颜色。

05 远景植物上色：主要选用F195■、F186■和T76■这些颜色上色，地面用暖色F201■来调节整个画面。

06 建筑上色：墙体选用T25■、CG2■和CG4■等颜色，屋顶用F6■上色。

07 建筑上植物上色：墙体用T76■、T84■、F186■和T68■等颜色上色。

08 建筑上色：建筑用CG2■和CG4■，木质构件用T97■和T96■。

09 远处建筑上色：建筑用BG3■和BG5■上色。

✐ 提示

天空上色时用细笔头按照"S"形路径排短小的循环线，越靠近建筑排线越长。

10 整体调整：对天空和明暗关系较弱的地方进行加强补充。

9.2 屋顶花园上色

屋顶绿化中草坪比较多，因荷载缘故景观构筑物较少，在景观表现中植物不宜过高，大部分以灌木及地被植物为主。

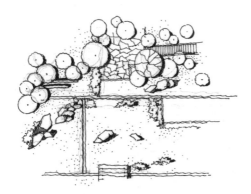

平面分析 本图为屋顶花园的平面图，从平面图可以分析出，屋顶以大面积草坪和低矮的植物为主。

线稿分析 地面大部分以草地为主，为不使草地显得空旷可以画一些地被植物或构筑物，大量高低不一的灌木组合使画面更加丰富。

上色步骤

上色分析 从效果图可以得知，植物是这张图表现的主体，特别是远近不同的植物要如何来拉开空间的进深感，个别的植物用暖色调来调整空间。

01 草地上色：用斜排循环线对草地进行排列，循环线不宜过长，主要用T59和T68上色。

02 栈道上色：整体用T97对构筑物的固有色进行上色，不宜过满，局部适当留白，再用T96对暗部进行上色。

03 灌木上色：依照冷-暖-冷上色原则进行，主要用T36、T59、F167、T68和T12画冷面，接着用F6、T84、F25、F166和T76画暖面，最后用T68、F195、T76和F143再调整画面。

04 远景灌木上色：用F195 ■ 对远景灌木进行铺排，再用T67 ■ 和T76 ■ 颜色使暗部投影偏蓝，这样画面就不会网。

05 草坪上的灌木上色：草坪的颜色以绿色为主，草坪上的灌木用暖色来调和整个空间，主要用F6 ■、F10 ■、T84 ■、T67 ■ 和T76 ■ 等颜色。

06 大丛灌木上色：大区域灌木上色的笔触和体块的划分较难掌握，灌木的上部朝阳，用暖色来提亮。这里主要用T68■、T59■、T56■、F166■、T76■和T36■等颜色。

不同层次的植物上色要有一定的区分。

近景花草用T59■、T47■、F186■和F6■上色。

07 远景乔木上色：中景乔木用F25■、F186■和T76■上色，远景乔木用F166■和F195■上色。

08 整体调整：对天空和明暗关系较弱的地方进行加强、补充。

9.3 游乐区景观上色

　　游乐区是居住区景观设计中必不可少的一个区域，它是供人们休闲、娱乐的地方，人员聚集较多，在设计上应满足其功能性、人流量、交通路线等要素。

照片分析 由图中可以看出中景高大的乔木影响整个空间的表达，所以在画面中我们对植物进行一定的调整。建筑不能画得太详细，体现出建筑结构即可。

线稿分析 在线稿上游乐区一般放在中景，游乐设施及场景感是刻画的主体。前景不要设置构筑物以免挡了主体景观，远景的植物和建筑都不能强过中景。

上色步骤

上色分析 空间的特殊性，决定了地面及构筑物的颜色较为丰富，主要以暖色系为主，在植物及天空的处理上用对比上色来调节整个画面的色调。

01 地面上色：随着路网斜排笔触运笔，头尾要收齐，使画面增强整体感，主要用F201　　上色。

02 前景植物上色：前景植物因区域较大，颜色过渡一定要自然，笔触不能乱。主要选用F12　、T56　、T76　、F143　、T36　和F25　等颜色。

03 地面上色：地面按照弧形进行色块上色。用到了T97　、F69　、BG5　和WG4　等颜色。

04 中景植物上色：中景乔木较多，按照不同的色系上色。从左到右分别是F166 ■、F185■、T76 ■、T68 ■、F166 ■、F143■、T11■和F201■。

人物在场景中需要根据构筑物展现不同的状态，上色时在颜色上进行一些区分。

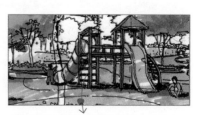

05 远景植物上色：远景植物上色时亮度不能太亮，整体色调暗下去。主要选用F166 ■、F195 ■、T185■和F143 ■等颜色。

儿童娱乐区的构筑物以不同的色块上色，在场景中要醒目，以大红、大绿为主。

06 建筑整体上色：前后建筑进行一定的区分，主要以周围植物的颜色进行参考。前景建筑用WG2，远景建筑用BG3。

07 天空上色：因地面颜色过暖，为了强调整体画面的对比，将天空进行大面积的铺排，主要选用T67上色。

9.4 滨河景观上色

滨河景观的表达方式主要以水面为主,大面积的水域在场景中占主要的区域,在空间层次的表达上难度增大,中景一般没有植物的表现,远近植物的处理是刻画的重点。

照片分析 这张照片可以看出缺少前景,场景中的植物太多而且形态不是太明确。如果加入前景,石头及植物将成为远景,从而可以降低刻画的难度。

线稿分析 在构图上为了更好地体现水域,将地平线提高到画面的上2/3处,弯曲的水面和转折的栈道相呼应。根据相应环境搭配相应的人物。对水域进行了调整,为了方便马克笔上色,线稿上的明暗关系不应拉得太大。

上色步骤

上色分析 将滨河景观的上色重点放在水面上,不过在水面的处理上要以简洁为主,大面积留白处理。用植物及天空来烘托整体效果。

01 水面上色: 在靠近植物及构筑物的地方加强水面的上色,大面积的留白使画面自然,达到以少胜多的效果,主要选用T67 ▇上色。

02 构筑物上色: 由于是冷色系的水面,为了从色系上形成对比,路面、石头和亭子以暖色系为主。路面和石头主要用T12 ▇上色,栈道和亭子用的是T97 ▇上色。

03 远景植物上色: 远景植物有2~3个层次,为了将各个层次的植物拉开,在同层次的植物尽量在色相上有一定的区分。用到的颜色有T56 ▇、F185 ▇、T9 ▇、T84 ▇和T12 ▇。

几种不同材质的区域用一些重色来拉开它们之间的层次及材质，用T76　上色。

在场景中用些较鲜艳的颜色来丰富画面，使用T36　、T67　、T76　、F10　和T9　上色。

04 收边植物上色：由于离画面最近的收边植物所占的面积较大，在笔触及颜色上一定要把握好，这一步用到了T25　、F166　、F186　和T76　。

05 远景建筑上色：在植物与建筑接触的区域要加强对比，从下往上渐变。用到的颜色有F201　、T67　和BG5　。

06 天空上色：天空的颜色在与建筑接触的地方开始进行渐变，要避开云朵线稿，使用T76　上色。

9.5 售楼部景观上色

售楼部一般都建在较为开阔且交通便利的地方，同时还配有其他建筑。要满足其功能性还要考虑私密性，营造出半私密空间，隔断、雕塑、室外休息座椅等是必备的构筑物。

照片分析 这张照片中的植物需要重新组合，与水域接触的地方要处理得自然，可以增加水域景深、增加配景人物，使画面更加有生活的气息。

线稿分析 在有落差的景观中其透视原则有一定的变化，这幅图中大部分的构筑物是表现的主体，植物在整体空间较少，售楼部的建筑不能表现过多。

上色步骤

上色分析 在效果图中主要分为3个层级，冷—暖—冷之间的过渡是绘制这幅图的难点。中间的暖色系不能画得过艳，否则上下部分不好衔接过渡。

01 石头落差上色：石头以灰色为主，面积较大但也不能上色过满，适当地画一点环境色会显得画面比较自然。这里用到CG2、CG4、BG3 和T56 。

02 地面上色：地面按照透视方向进行排线，斜排笔触一定要平缓，否则地面容易翻起来，选用F201 上色。

03 构筑物上色：中景大部分以构筑物为主，隔断选用T97 和WG2 ，座椅用T9 ，伞主要是F143 和T76 ，地面用F201 上色。

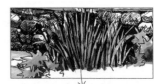

前景灌木用蓝色来使画面丰富。这里用到F25▇、F185▇、T76▇、F143▇和F98▇。

灌木丛也要进行色相上的区分。主要选用T50▇、F187▇和F98▇上色。

04 前景灌木上色：前景收边的灌木丛面积较大，如果在颜色上全部用绿色，画面会很闷。

05 前景乔木上色：热带乔木的形态决定了上色要考虑环境色，在不同的分支进行明暗关系上的细化，这里主要用到F185▇、F98▇和F187▇。

06 构筑物之间的植物上色：这些植物以小灌木为主，在画面中起到点缀作用。主要用到F69 ▨、F187 ▨、F143 ▨、T9 ▨和
T11 ▨。

07 中远景植物上色：中远景的乔木大多是分开的，在上色时比较容易区分。中景植物主要选用T47 ▨、F186 ▨、T76 ▨、F166 ▨、T47 ▨和
T57 ▨上色，远景植物用T57 ▨和F195 ▨上色。

08 天空上色：天空以蓝色为主，用马克笔按照植物绕线笔触上色。从云的轮廓线向外渐变形成自然过渡，用T67███上色。

为增加地面的细节，在已画固有色的基础上用WG2███局部铺排。

在一些上了色的植物的结构不明确的地方用高光提亮，凸显植物结构。

9.6 公园景观上色

公园局部的景观主要以表现小场景为主,体现景观细节是小场景的重点,不同的景观节点表现出多样的功能空间,在刻画上要符合空间的特性,同时要与公园其他的节点形成统一。

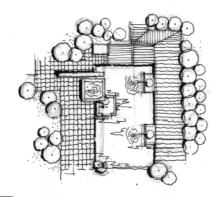

平面图分析 主景是中间的水景,两边道路的材质不一,要处理好主次关系。

线稿分析 在构图上为了更好地体现水域,将地平线向上提高到画面的1/2处,构筑物结构交错较多,在一些较为方正、尖锐的地方适当用软性的线条软化。

上色步骤

上色分析 场景中水面、天空以蓝色为主,植物在颜色搭配上还是以蓝、绿色为主,这是因为植物会受到环境色的影响。

01 水体上色:跌水和静面水上色的笔触随波纹而变化,水体用 T67 上色,多一些留白。前景的石头使用T97、CG2和 CG4 添加一些暖色。

02 构筑物旁的植物上色:靠近构筑物旁的植物是场景中的重要区域,它的色调要与构筑物形成对比,主要选用T68、T56、F187、T76和F143上色。

03 中景植物上色:它的上色明度不能强于构筑物旁的植物,要降低明度,这里用到了T56、F186、F185和F143。

04 前景灌木上色：前景的灌木是离水面最近的物体，它受环境色的影响最大，在上色处理上环境色只能少部分使用，这里用到F25 、T56 、F187 和T76 。

有两三个植物重叠是为了体现前后关系，应将后面的植物与前面植物接触的区域加重，这里用到了F166 、F186 和F143 。

在与石头、水面和道路交接的草丛处会受到多种植物环境色的影响，这里用到了F25 和F186 。

05 中景灌木上色：为了区分出中景乔木，这里可以从色相上进行一些区分，所以选择以暖色系为主，选用了T11▇、T84▇、T67▇和T76▇这几种颜色。

06 远景植物上色：为了拉开空间的层次，远景植物选择以灰绿色为主，适当加一点蓝色可以使画面没有闷的感觉。主要选用T185▇、T76▇、T68▇、T57▇、F195▇和T77▇上色。

07 地面、构筑物上色：它们在色相上有一定的区分，同时还要考虑它们之间的过渡。

▲ 景观墙：F201 和CG2

地面：BG3 和BG5

▲ 跌水墩：CG2 和CG4

▲ 喷水墩：T96 和F69

远景没有植物的区域用马克笔铺排，使用BG3 ■ 上色。

远景植物使用T97 ■ 上色。

场景中不同远近的人物选择一些较艳的颜色。

08 右侧地面上色：地面上及水面均使用冷色系，为了丰富画面，调节侧地面为暖色系。

09 收边植物、天空处理：前景植物可以以重色来处理，从而达到框景的感觉。前景植物：使用T54 ■、F166 ■、F186 ■和F143 ■上色，天空使用T67 ■+T76 ■上色。

9.7 办公楼前景观上色

优秀的办公楼前的景观设计会对人们的工作有着积极的作用，会给人带来精神上的愉悦，注意景观设计要严肃、活泼、整齐，配置富有情趣的园林小品，尽可能地创造一个优雅、整洁的办公环境。

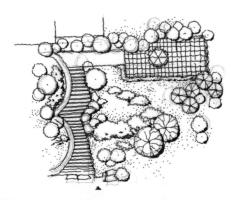

平面图分析 上图为办公楼前的景观平面图，从图中可以分析出木栈道与种植池为景观中的构筑物，重点就是场景中配置的不同种类与大小的植物。

线稿分析 办公区景观以高大的乔木为主，小型灌木、地被植物为辅。注意弧形的道路可以使画面生动，远处规则的建筑可以体现场景的属性。

上色步骤

上色分析 草地、植物是整个画面主要的表达主体，高大的乔木使空间的高度增加，对道路和个别植物在色相上进行一些变化。

01 道路上色：地面按照其材质的基本色相选取，应从中间向两侧进行渐变，使用T97■上色。

02 草坪上色：在不同高度的草地上用T59■以斜排细笔触方式进行上色。

03 前景乔木上色：前景乔木是最前面的植物，上色要求颜色丰富、过渡自然，使用T11■、T56■、F25■、T69■、T68■、T143■、F187■和T76■上色。

04 小灌木上色：灌木面积较小，在色块上进行区分，同种色块的灌木按明度进行变化。使用T9 ▢、T84 ▢、T76 ▢、F143 ▢、F25 ▢、F186 ▢、F166 ▢和F195 ▢上色。

05 中等乔木上色：中等乔木使空间高度的变化显得自然。使用T9 ▢、T84 ▢、T67 ▢、F25 ▢、T76 ▢、T69 ▢、T56 ▢和T47 ▢上色。

06 远景植物、人物上色：远景主要以低矮的灌木和小乔木为主，颜色明度要降低，人物及座椅的色相要艳一点。植物使用F166 ▢、T69 ▢、F195 ▢、T67 ▢、T76 ▢和T54 ▢上色，人物使用T11 ▢、T67 ▢和T9 ▢上色。

07 远景乔木上色：远景乔木随植物的结构进行笔触变化。使用T57 ▨ 、F195 ▨ 和T76 ▨ 上色。

08 建筑、天空上色：建筑在画面中起到平衡作用，建筑的玻璃材质要刻画得详细一些，主要用到的颜色有T97 ▨ 、T68 ▨ 和T57 ▨ 。天空随着物体的边缘由密到疏进行变化，天空用T67 ▨ 上色。

综合案例
——从线稿到上色

10.1 节点景观

10.1.1 平面分析

这幅平面图是十字交叉的路网结构，用植物对空间进行围合。在较为单一的路网中，小的构筑物起到细化空间的作用。

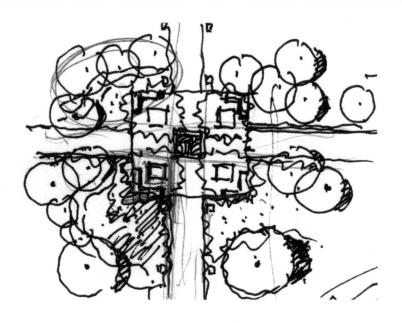

10.1.2 草图分析

十字交叉的路网结构用两点透视最为合适，前景植物在构图时要考虑将远处的路遮挡住，避免"无路可走"。

10.1.3 铅笔定形

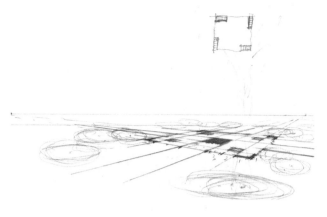

01 路网透视定位：按照两点透视原则对地面路网关系进行定位，注意它们的比例关系。

02 勾勒路网结构：在透视定好之后，对路网进行线稿勾勒，在做路网结构时，不要太在意植物的遮挡。

10.1.4 勾勒线稿

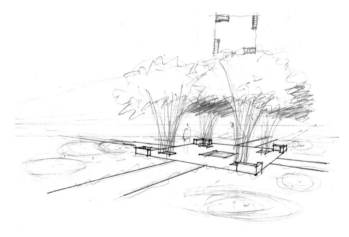

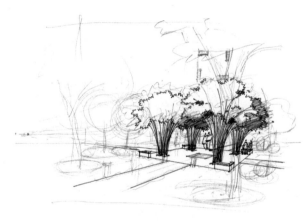

01 地面灌木：用扁圈来对空间进行确定，不管灌木丛有多大，都要符合近大远小的透视关系。

02 中景灌木丛：中景中的4株灌木丛随透视进行变化，后面两株在树冠处用排线的方式拉开前后关系。

03 中景乔木：中景乔木可以作为左侧的收尾植物，同时可以拉开画面的宽度。

04 前景植物：前景收边植物其实是在一株完整的乔木上取左下角大概1/4区域，树干下端以花草、灌木进行收边。

05 远景植物：远景植物在树形和树种上要有一定的变化，组成序列为佳，其中一些植物用排线来体现前后空间关系。

06 明暗关系：给场景中的植物、人物和构筑物设置光影关系，增加画面立体感，同时使物体间联系更加紧密。

10.1.5 马克笔上色

01 地面上色：地面以冷色系进行铺排，因地面面积较小，所以用斜排线的笔触使局部留白，这样可以使画面较为有透气感。小的构筑物用暖色系调和，同时分离开构筑物与地面。地面使用BG7▆上色，构筑物使用F97▆上色。

02 草地上色：草地用斜排循环笔触上色，收边要整齐。草地使用 T56 ▨ 上色。

03 小灌木丛上色：在较小的灌木带用暖色系来调节画面，使用 T9 ▨ 和F187 ▨ 上色。

04 中景灌木丛上色：中景灌木丛的上色主要是将前后关系表达清楚。主要选用F56 ▨、F187 ▨、T143 ▨ 和T54 ▨ 上色。

05 小乔木上色：靠近灌木丛的小乔木用降低明度的方法来拉开空间感，主要用到F166 ▨、F186 ▨ 和F195 ▨ 上色，远景的灌木使用T59 ▨ 和F195 ▨ 上色。

06 前景乔木上色：前景植物因场景的位置及光照影响产生颜色的变化，从而使颜色更加丰富。主要用T25 ▨、T57 ▨、T48 ▨、F166 ▨ 和 T76 ▨ 上色。

07 场景小面积颜色微调：在地面区域强调光影关系，在远景植物的层次中较多地添加一些暖色，增强画面前后呼应的效果。

08 天空上色：景观中植物、地面和构筑物的颜色已经丰富起来了，但是天空的处理要简单一点，注意天空以留白为主，使用T76 和F48 上色。

10.2 休息区景观

10.2.1 平面分析

这是景观设计中一个休息区的景观平面图,以高差地形为主。平面较为简单,注意透视选取要准确,还有植物表达的难度比较大。

10.2.2 草图分析

小场景中的路网较为简单,要表达出一两个局部场景,这就要求我们在透视和视点的选取上要慎重,为了丰富场景我们经常会增添一些构筑物及植物。

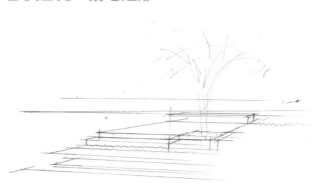

10.2.3 铅笔定形

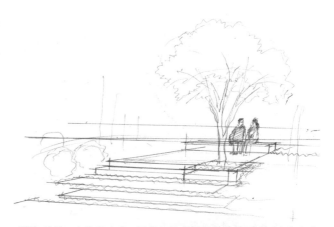

01 透视、路网定位:在有落差的地形中要将地平线及视平线向上提高一些,两个灭点远一些更能体现空间感。

02 植物、人物的确定:描绘场景中前景植物的形态,注意大小比例是空间中最主要的,其他植物的高度都不能超过前面的树。人物的姿态要根据场景的需要进行变化。

10.2.4　勾勒线稿

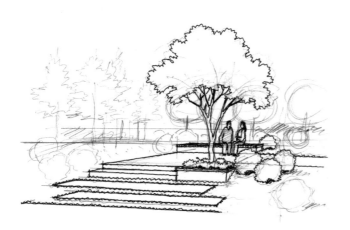

01 路网和植物线稿：主景中的台阶及植物按照透视勾勒，特别是在路网的直线上用一些植物线来软化。

02 灌木和远景植物：为了画面有透气感，远景以乔木为主，注意与前景植物的物种区别开。灌木以球体组合形式在场景中进行设置。

03 远景灌木：远景靠近地面的区域，用灌木对地面进行过渡，不过灌木不能过高，应与乔木形成对比。

10.2.5 马克笔上色

01 草地上色：场景中的草地在物体间接触区域的笔触排密一些。主要用到T56 上色。

02 前景乔木上色：前景乔木的上色按照植物生长趋势进行笔触排线，要考虑颜色之间的渗透，主要用到T56 、T97 、F166 和F186 这些颜色。

03 远景灌木上色：因为中景缺少植物的层次，远景上色的明度可以按照中景颜色搭配，使用F166 和F195 上色。

04 远景乔木：远景乔木分两种植物物种，在颜色的明度上对它们进行区分，使用T59 和F166 上色。

05 高耸乔木上色：这个乔木在远景中占较大区域，为了与远景的乔木进行区分，因此在颜色的明度上以明艳的绿色为主，采用F56 、F166 、T57 和T76 上色。

06 构筑物上色：构筑物在空间所占的比例较少，可以用暖色系进行上色，同时在远景中的灌木适当地添加一些暖色以达到空间上色的过渡及呼应的效果，使用F201 、T9 、T76 和T67 上色。

不同的面在上色笔触上进行一些变化。

物体在空间中因为光影关系存在投影,区域不宜过大,使用BG5上色。

07 地面上色:地面在空间中占据了大部分区域,为统一画面,地面以冷色系为主,使用BG3 ▆ 和BG5 ▆ 上色。

08 天空上色:天空根据画面构图的需要进行上色,框定区域用飘笔触进行上色,这里主要用到T67 ▆ 和T76 ▆。在笔触没有达到的地方,适当用CG2 ▆ 勾画远景的植物轮廓。

10.3 游乐场景观

　　游乐场景观设计、公园设计、居住区景观设计和幼儿园设计等都比较常用，一般均为开敞式，周围不宜种植遮挡视线的树木，保持较好的可通视性，便于成人对儿童进行看护。儿童游乐场设施的选择应能吸引、调动儿童参与游戏的热情，兼顾实用性与美观，色彩可以鲜艳一些但应与周围环境相协调。

10.3.1 平面分析

　　一般游乐场的平面图以弧形居多，且植物较少，主要的构筑物以游乐、休闲和健身设施为主。

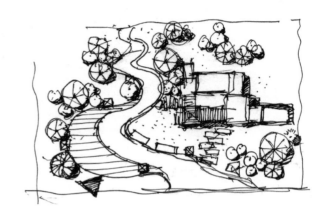

10.3.2 草图分析

　　游乐场效果图主要是表现场景感，游乐设施也是说明空间的构筑物，其他元素都是为其服务的。空间要营造出围合感，给人安全的感觉。

10.3.3 铅笔定形

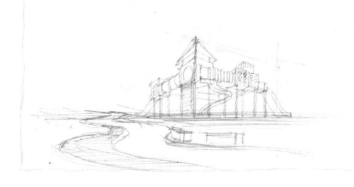

01 道路和游乐设施：选择两点透视对道路进行透视变化，弧形道路按照"八点定圆"原则进行空间定位，游乐设施的造型和比例要符合透视原则。

02 前景植物：场景中的前景植物主要是在场景中增加一个层次。

03 远景植物和人物：远景中的植物在场景中起到了围合作用，不至于使构筑物孤立，同时增加空间层次。

10.3.4 勾勒线稿

01 游乐设施和道路定位：在铅笔稿的基础上对游乐设施和道路结构进行勾勒，人物随着场景的需要进行变化。

02 细化构筑物：游乐设施、场景中的人物和道路是这幅图主要表现的主体，其结构和详细程度都要把握好。

03 前景植物：前景中的植物绕线及树干要自然。远景植物主要表现轮廓即可。

04 空间植物：在空间中植物以前景和远景植物为主，中景已经有游乐设施，所以在中景中就不能添加植物。

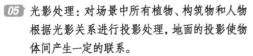

05 光影处理：对场景中所有植物、构筑物和人物根据光影关系进行投影处理，地面的投影使物体间产生一定的联系。

10.3.5 马克笔上色

01 地面和草地上色：地面和草地的颜色根据物体的固有色去铺色，在一些较艳的颜色上我们要对明度进行调暗操作。地面使用T97█和F201█上色，草地使用T56█上色。

02 中景植物上色：中景植物较少，上色可以将前后关系拉开。主要用到T57█、T68█、F186█、T54█和F143█上色。

03 前景灌木上色：前景中的植物物种不同，在颜色使用上进行一些区分。使用T97█、T68█、F186█、T54█和F143█上色。

04 远景植物上色：在靠近游乐设施区域的远景植物的颜色以蓝、绿色为主，与将要画的游乐设施的颜色进行对比，使用T57█、F186█、T76█、F166█和F195█上色。

05 远景建筑上色：远景建筑在场景中起到说明空间的作用，主要选用BG3█和T67█上色。

画面闷的地方用高光提亮。

06 游乐设施上色：游乐设施上色要符合儿童对颜色的需要，其明度高、色块分明。这里用F187 ▨、T11 ▨、T96 ▨和 F47 ▨上色。

07 前景植物上色：前景植物要画得重一些，使用T57 ▨、F187 ▨、F186 ▨和F143 ▨上色。

08 天空上色：天空按照植物绕线的笔触进行上色，不能上得太满，主要是对物体交接处进行渐变，使用了T67 ▨和T76 ▨。

10.4 景观长廊

景观长廊是公园景观设计、商业街景观设计、滨河景观设计等常用的设计手法,在线稿及上色中如何体现场景的进深感是最重要的。

10.4.1 平面分析

这幅图为小区景观平面图,所体现的区域为景观长廊平面,画面中包含了休息长廊、植物及构筑物,在空间中呈序列排放,成为绘制本图的难点。

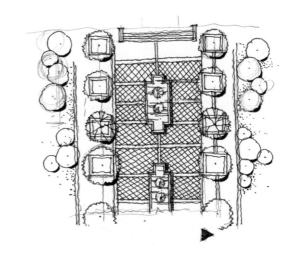

10.4.2 草图分析

从上图中得知,在空间的表达中地面要小,刻画的东西过多就不能很好地体现空间感。人物可以遮挡住远处的一些构筑物,同时增加空间活跃程度。

10.4.3 铅笔定形

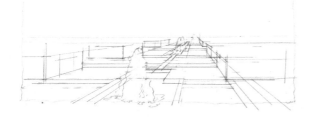

01 构筑物透视:构筑物和地面按照透视原理进行刻画,地平线不宜放得太高。

02 细化构筑物:在构筑物的基本透视确定后,对构筑物的具体造型进行细化。场景中人物的添加可以减少工作量,同时丰富场景感。

10.4.4 勾勒线稿

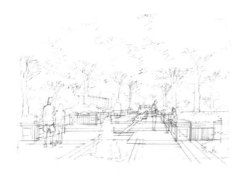

01 场景植物：对场景中所有的植物进行定位，保证其不同的高度和层次感。注意不能使场景中的植物过满。

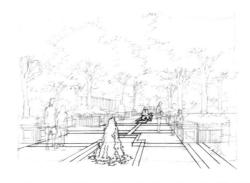

02 地面透视：地面结构线不能出现透视问题，特别是前景的地面结构。

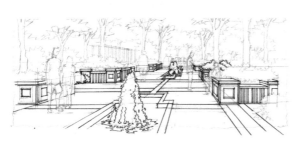

03 构筑物：远近不同的构筑物在透视及结构上要统一，在刻画的详略程度上不一。

04 人物和灌木：不同朝向、姿态、性别和远近的人物所刻画的详细程度要根据近大远小的透视关系来确定，注意近实远虚的画面效果。

05 乔木：空间中乔木是主体，其形态和大小要进行一些变化，达到自然、生动的效果。

06 光影处理：对场景中所有的植物、构筑物和人物进行光影处理，使其对比性加强，同时丰富地面。

07 同种灌木：在中、远景中呈序列的灌木植物中有选择性地进行排线，丰富中、远景的层次关系。

10.4.5 马克笔上色

01 乔木上色：前景中的乔木较多，在色相及明度上进行一些区分，使用T97 ▓、T68 ▓、F186 ▓、T54 ▓和F143 ▓上色。

02 远景乔木：远景中的同种乔木只有降低其明度才能与前面的乔木进行区分，使用T77 ▓、F195 ▓、BG3 ▓和F195 ▓上色。

03 地面上色：植物以大面积绿色为主，为了形成对比，地面的色相只能以暖色系为主，使用T12 ▓上色。

04 水面上色：喷泉以蓝色为主，增加画面的明度，同时与地面的色相形成对比，使用T67 ▓和T76 ▓上色。

05 构筑物上色：由于场景中的构筑物受光线的影响及材质的原因，在构筑物的固有色上添加一些暖色。这里使用了WG4 ▓、CG2 ▓和CG4 ▓上色。

06 构筑物上的灌木上色：构筑物上的灌木属于中景植物，在颜色上可以以冷暖交错的方式来丰富画面的色相，使用T9▇▇、T84▇▇、T69▇▇、T76▇▇和F195▇▇上色。

07 人物上色：人物活跃了空间氛围，在上色时也要符合这样的要求。使用BG3▇▇、T76▇▇、T67▇▇、BG5▇▇、F186▇▇和CG2▇▇上色。

08 天空上色：这幅图中天空面积较小且乔木较多，注意在天空光线上要画出变化。为了突出光的感觉，用高光笔在画面中画出光影线。

附录

景观设计作品欣赏

写生作品欣赏

　　居住区景观，从属性上大致可以分为自然景观与人文景观两大部分，人文景观的精神内涵通过物质展现出来，物质要素就具有了文化性。优秀的景观设计必须是物质与精神要素之间构成的有机联系。居住区景观设计应遵循以下的原则：整体性的原则、舒适性的原则、生态性原则和人文原则。

欣赏1

欣赏2

欣赏3

欣赏4

欣赏5

欣赏6

欣赏7

欣赏8

欣赏9

欣赏10

欣赏11

欣赏12

PLAN

欣赏13

欣赏14

欣赏15

欣赏16

欣赏17

欣赏18

欣赏19

欣赏20

欣赏21

欣赏22

欣赏23

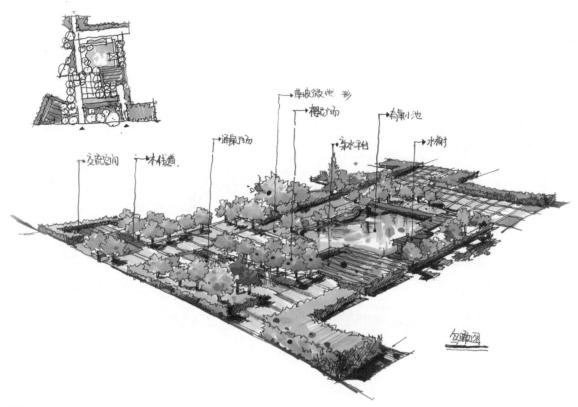

欣赏24

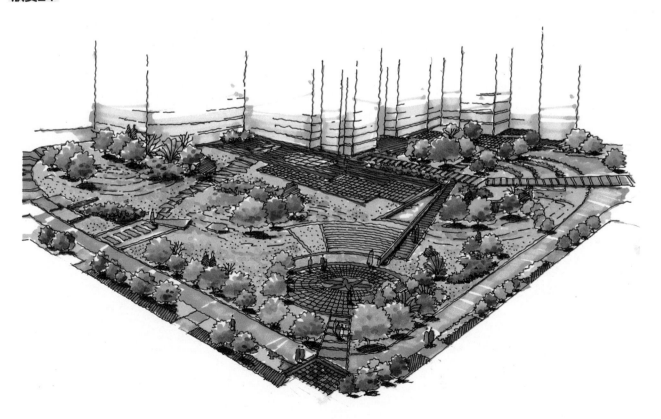

欣赏25

欣赏26

欣赏27

欣赏28

欣赏29

欣赏30

欣赏31

欣赏32

欣赏33

欣赏34

欣赏35

欣赏36

欣赏37

欣赏38

欣赏39

欣赏40

欣赏41

欣赏42

欣赏43

欣赏44

欣赏45

欣赏46